한 달간의 아름다운 여행

한달간의 **아름다운**

여행 지중해

지은이 | 김종년
펴낸이 | 김원중

편   집 | 백진이
디 자 인 | 옥미향
마 케 팅 | 김재국
관   리 | 박선옥

초판인쇄 | 2008년 7월 20일
초판발행 | 2008년 7월 25일

출판등록 | 제301-1991-6호(1991.7.16)

펴 낸 곳 | (주)상상나무
          도서출판 상상예찬
주   소 | 서울시 마포구 상수동 324-11
전   화 | (02)325-5191 팩   스 | (02)325-5008
홈페이지 | http://smbooks.com

ISBN 978-89-960092-8-3 03980

값 12,000원

GREECE

EGYPT

TURKEY

한 달간의 아름다운

여행

| 김종년 지음 지중해

상상
나무

배낭을 꾸리면서…

나는 35년간을 한 집에서 살고 있을 만큼 변화에 둔감하고 보수적이며 내성적인 성격을 지녔다. 취미생활도 동적인 것보다는 정적인 것을 좋아한다. 오랜 세월동안 난과 분재에 빠져 살았으며, 틈이 나면 화랑에 드나들며 그림 감상하는 것을 낙으로 삼아 왔다. 그러던 내가 배낭 하나만 달랑 메고 지구촌 곳곳을 찾아다니게 될 줄은 아무도 몰랐다. 나에겐 참으로 경이로운 일이 아닐 수 없다.

처음으로 여행에 눈을 뜨게 된 것은 1978년, 동남아 여행을 가면서부터다. 이렇게 시작된 나의 여행 행로는 대만, 태국, 싱가포르, 말레이시아, 홍콩, 일본 등으로 길어졌다. 그리고 2000년 겨울부터는 본격적인 배낭여행을 시작하여 오늘에 이르렀다.

집에는 백수의 노모를 극진히 모셔주는 사랑스러운 아내가 있어 든든하고, 고등학교 교사인 덕에 방학이라는 시간을 가질 수 있어서 여유롭고, 자식들은 모두 잘 성장해 각자 행복하게 살고 있으니, '배낭여행자'로서의 자격을 충분히 갖춘 행운아가 아니겠는가!

여행을 하다 보면 도시 생활 속 쓰고 있던 가면을 벗고 단조롭고 지루한 일상에서 해방되어 한없이 자유롭고 다른 시공 속에 새로 태어나고 있음을 느끼게 된다. 인생은 나그네 길이라고 했다. 내 나이 이순이 훨씬 지나 배낭을 꾸리니 조금은 두렵다가도 지구촌 사람들과 만날 때마다 새로운 힘이 솟구친다. 여행 중에 옷깃을 스치고 지나간 수많은 인연들을 결코 잊을 수 없다.

가족의 걱정이 걸리지 않는 것은 아니지만 여행이 지니고 있는 마력에 이끌리는 것을 어쩌랴! 그들과의 추억이 영원히 간직되기를 바라는 간절한 마음을 가지고 여행지에서 틈틈이 기록한 단상들을 책으로 엮는다. 아무쪼록 나의 작은 경험이 앞으로 세계 곳곳을 누빌 '배낭여행자'들에게 도움이 되길 바란다.

2008년 김종년

지 중 해

조물주의 조화로운 창조물에서 분리되어 나온 듯 불확실한 공간,

지중해에 우리 인간은 정착해 살아왔다.

수많은 현상이 이 액체공간에서 일어나고 있으며,

바로 지금도 인간과 세계의 역사가 전개되고 있다.

장 그르니에, 「지중해의 영감」 중에서

유럽 지중해는 아프리카 · 아시아 · 유럽의 3개 대륙에 둘러싸여 있다. 일반적으로 '지중해'라고 하면 이 유럽 지중해를 가리키며, 고대부터 중세 말까지 유럽 문명의 중심무대가 되었다. 고대 때부터 그리스, 로마, 이집트, 터키 등의 나라들이 지중해를 사이에 두고 무역권과 통치권을 장악하기 위해 쉴 새 없이 전쟁을 치렀고, 지중해를 차지한 나라는 당대 사회와 문화를 발전시키고 유지하기 위하여 노력하였다. 오늘날에도 지중해는 세계 항로의 주요 간선 중의 하나로 여겨지고 있다.

Contents
한 달 간의 아름다운 여행
ㅡ지중해 편

Contents

한 달 간의 아름다운 여행
－지중해 편

Greece

인간과 신이 교감하는 나라, 그리스

Turkey

동양과 서양의 공존지대, 터키

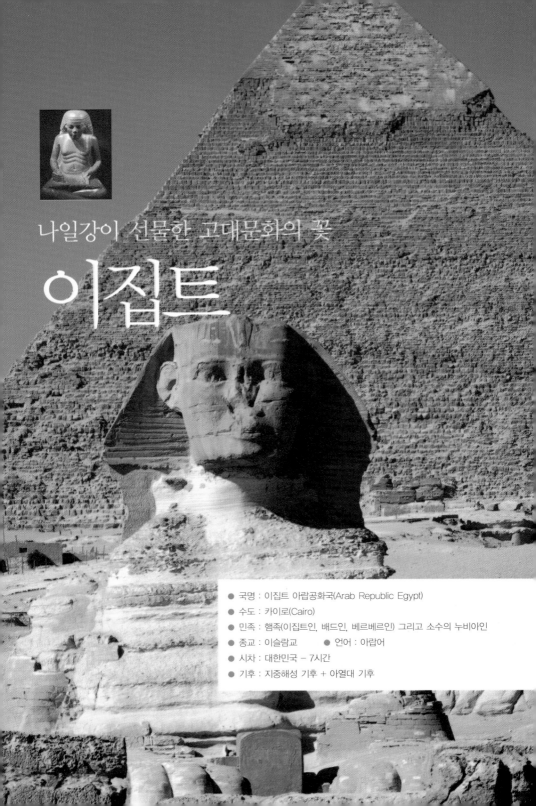

나일강이 선물한 고대문화의 꽃

이집트

● 국명 : 이집트 아랍공화국(Arab Republic Egypt)
● 수도 : 카이로(Cairo)
● 민족 : 햄족(이집트인, 배드인, 베르베르인) 그리고 소수의 누비아인
● 종교 : 이슬람교　　● 언어 : 아랍어
● 시차 : 대한민국 − 7시간
● 기후 : 지중해성 기후 + 아열대 기후

EGYPT

이집트의 찬란한 고대문화는 나일강이 규칙적으로 범람하여 그 유역이 비옥해진 덕분
이었다. 역사적으로 고대 이집트 문명은 그리스 · 로마 문명과 공존했으
며 종교적으로는 이슬람과 기독교 문화를 동시에 가지고 있다. 오늘날 이
집트는 '세계의 화약고' 로서 예측 불허의 긴장 속에 나일강을 따라 역동적으로 성장해
가고 있는데, 아직 1인당 국민소득이 1,000달러 미만의 가난한 나라이지만 최근 개방
화 물결과 함께 성장의 잠재력을 무한하게 가진 나라로 평가받고 있다.

세계는 한 권의 책이다.
여행하지 않는 자는 단지 그 책의 한 페이지만 읽는 것이나 다름없다!

성 아우구스티누스

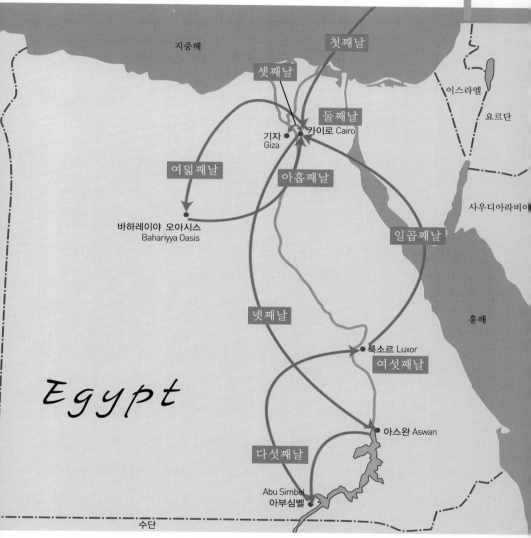

Map
EGYPT

지중해

첫째날

셋째날

둘째날

이스라엘

요르단

기자
Giza

카이로 Cairo

여덟째날

아홉째날

바하레이야 오아시스
Bahariyya Oasis

일곱째날

사우디아라비아

넷째날

홍해

Egypt

룩소르 Luxor

여섯째날

아스완 Aswan

다섯째날

Abu Simbel
아부심벨

수단

첫째날 인천 공항 → 카이로 공항 둘째날 카이로 셋째날 카이로 → 기자 → 카이로
넷째날 카이로 → 아스완 다섯째날 아스완 → 아부 심벨 → 아스완 하이댐 → 필레 신전 →
오벨리스크 → 룩소르 여섯째날 룩소르 서안 → 룩소르 동안 일곱째날 룩소르 → 카이로
여덟째날 카이로 → 바위티 → 바하레이야 오아시스 아홉째날 바하레이야 오아시스 → 카이로

이집트의 수도 카이로 ^{첫째날}

지난 밤, 자정 예배에 참가했던 탓인지 늦잠이 들어 인천공항에 예정시간보다 30분 정도 늦게 도착했다. 집합장소인 카운터 J로 갔으나 아무도 기다려주는 사람이 없었다. 여행 첫날부터 시행착오를 겪은 셈이다. 겨우 대한항공 카운터 주변에 대기하고 있던 여행사 직원으로부터 9시 20분발, 인천에서 나리타로 가는 대한항공 항공권과 여행일정표를 받았다. 대한항공 카운터에 여권과 항공권을 보여주고 좌석권(보딩패스)을 받고 큰 배낭은 카이로Cairo 공항으로 부쳤다.

출국 신고서를 작성한 후, 출국장 입구에 공항세 영수증을 주고 안으로 들어가 테러방지를 위해 위험물 소지 유무를 판단하는 짐 검사를 받았다. 그곳을 통과하면 캠코더나 고급카메라 등 다시 가지고 들어올 물건을 세관에 신고하는데, 만약 신고하지 않고 가지고 들어오다 걸리면 관세를 물어야 한다. 물론 신고할 것이 없는 사람은 그냥 통과하여 이민국에 들러 여권에 출국 신고서와 보딩패스를 끼워서 제출하면 출국 스탬프를 찍어준다. 이런 절차를 거쳐 이민국을 통과하여 면세구역을 지나 보딩패스에 나와 있는 출국 게이트로 가면 된다.

9시 20분발 KE 701편은 출발예정 시간보다 35분이나 늦게 인천 공항을 이륙했다. 그리고 2시간 정도를 비행한 끝에 나리타에 도착하여 3시간 30분을 나리타 공항에서 대기하다 이집트 항공 MS865편에 환승하여 15시 30분에 다시 이륙했다. 비행기는 기수를 대한해협으로 돌려 서울 상공을 거쳐 베이징과 고비사막을 내려다보며 14시간 30분을 비행한 끝에 현지시간 23시에 카이로 공항에 도착했다.

카이로 공항 내에 있는 은행에서 15US$의 인지를 구입해 여권에 첨부하여 입국심사대에 제출하면 1개월 동안 유효한 단수 관광 비자를 내주고 이집트 입국이 이루어진다. 그런데 입국심사 과정에서 일행에게 위조 여권 운운하며 금품을 요구하여 즐거워야 할 여행길 초반에 기분을 망치기도 하였다.

카이로 국제 공항의 야경　　　　　　　　이집트 파운드 지폐

공항환전소에서 카이로 시내로 들어갈 교통비와 숙박비로 우선 사용할 금액 50US\$ 정도를 이집트 파운드(£E)로 환전(1US\$당 6.2£E)하였다.

　공항택시를 40£E에 흥정, 네 명이 합승하여 시내 중심가인 타흐리르 광장Middan it-Tahrir까지 30분을 달려 도착하였다. 광장 주변에 있는 썬 호텔SUN Hotel 도미토리dormitory에 조식을 제공받는 조건으로 16£E를 주고 체크인하여 새벽 3시 30분에 여장을 풀었다.

이집트 비자

비자는 이집트 대사관에서 발급 받을 수 있으며 관광을 목적으로 1개월간 체류할 때는 한국에서 받아도 되지만, 카이로 공항에서 환전 증명서, 여권, 입국신고서에 15US$를 지급하면 비자를 발급 받을 수 있다. 그리고 타흐리르 광장에 있는 모감마아 청사에서 약 50£E를 지불하면 1년 치 비자를 연장할 수 있다. 그룹 비자는 그룹 여권에 한해 발급하는데 이 경우는 여행사가 알선한 그룹 관광객이어야 하며 모든 방문객이 그 그룹에 속해 있어야 한다.

이집트 통관검사

이집트로 가는 비행기 안에서 입국카드가 배부되고, 여기에 해당사항을 기입하면 된다. 이때 여행목적을 'sightseeing' 또는 'tour'라고 쓰고, 처음 숙박할 호텔 이름을 쓴다. 카이로 공항에 도착하면 여권과 입국신고서를 제출하고 입국허가 날인을 받는다. 뒤이어 자기 짐을 찾아들고 세관 카운터에 간다.

외국인 관광객에 대한 수화물 검사는 느슨한 편이나 캠코더 등 고급 가전제품의 경우는 적발되면 고관세를 부과한다. 외화소지는 이집트 외환관리법상 2천£E(이집트 파운드) 이상에 대해서는 신고의무를 규정하고 있으나 실제로 검사하는 일은 거의 없다. 그러나 출국할 때 적발될 경우 전액 몰수될 수도 있으므로 신고하는 것이 안전하며, 신고한 것보다 많은 외화를 가지고 있을 때도 역시 전액 몰수당하게 되니 주의해야 한다.

카이로 : 아즈하르 사원→후세인모스크→칸 카릴리 시장→나일힐튼호텔

카이로의 하루 ^{둘째날}

오늘 우선적으로 해결해야 할 일은 앞으로 한 달 동안의 여행에서 박물관, 유적지 및 교통편 등의 할인 혜택을 받기 위해서 국제학생증과 교사신분증을 만드는 일이다. 사다트 지하철역(타흐리르 광장)에서 세 정거장을 지나 일마이크 잇사리흐역에 내려 한참을 걸어가며 현지인들에게 물어물어 ISIC(국제학생증 서비스)사무실을 찾아갔다. 이곳에서 국제학생증과 교사신분증을 65.50£E의 수수료를 받고 만들어주는데, 숙소에 부탁해서 65£E를 주고 만들었다는 사람도 있었다. 나는 출국할 때 교사신분증을 가지고 나오지 않았기 때문에 경로우대증을 만들어 달라고 요

구하니 그런 신분증은 없다며 웃기만 한다.

신분증 제작과 은행에 들러 환전을 하고 서둘러서 람세스 역Mahattit Ramsiis으로 갔다. 아스완Aswan과 룩소르Luxor 행 그리고 카이로로 귀환하는 기차표를 예약하려고 했으나 예매표가 이미 매진된 상태였다. 그런데 람세스 역에는 여행자들에게 도우미 역할을 해주는 경찰이 배치되어 있었다. 어렵게 다른 역에 배정된 표를 끌어다가 만들어 주는 도우미 경찰의 성의가 너무 너무 감사했다. 감사하다는 말로 끝내기에는 미안해 가져간 기념품을 전달하니 오히려 미안해하는 순박함을 보인다.

27명이나 되는 많은 인원이 동시에 이동하면서 항공권 및 기차 그리고 버스표를 구입하기가 쉽지 않았고 시간 낭비가 너무 많아 계획한 일정에 많은 차질을 가져왔다. 원래 첫날 일정이었던 고고학 박물관과 오후에 찾아갈 기자Giza 지구의 피라미드와 스핑크스 관광이 내일로 지연되었으니 반나절이 완전히 없어진 셈이다.

대신 전철로 세 구간 정도 이동하면서 카이로의 시민들을 많이 만나볼 수 있었는데, 특히 여인들은 대부분 검은 히잡hijab을 머리에 쓰고 있었다. 히잡을 쓴 여인 옆 좌석에 무심코 앉았더니 주변 사람의 시선이 곱지 않음을 느껴 빨리 일어났다. 전철도 남녀 좌석이 구분되어 앞쪽의 두 칸은 여자들의 전용 좌석으로 되어 있었다.

인구 1,200만 명의 아프리카 최대 도시 이집트 수도 카이로는 일찍이 인류 문명의 발상지로 나일강을 사이에 두고 찬란한 역사를 이루었다. 과거와 현재가 동시에 존재하는 카이로 신시가지는 특급호텔과 초현대식 높은 빌딩이 경쟁하듯 하늘을 향해 솟아오르고 있었다.

　그런가하면 구시가지는 수많은 모스크 첨탑에서 울려 퍼지는 기도 소리와 자동차의 경적 소리가 뒤엉켜 소음처럼 들려오고 마차와 노새가 끄는 수레가 동시에 거리를 누비는 진풍경이 펼쳐지고 있었다. 카이로는 동서 10km, 남북 15km 넓이의 대도시이지만 주로 관광객이 몰리는 곳은 타흐리르 광장이 있는 다운타운을 중심으로 반경 5km 범위 이내 정도다.

　혼돈의 도시 카이로 시내의 넓은 도로에는 횡단보도가 거의 없다. 있다고 하더라도 신호등을 지키는 사람도 없을 뿐 아니라 차선이 보이지 않아 자동차나 사람이 먼저 밀고 들어가면 우선순위가 되는 것처럼 보인다.

　그래서 그런지 도로 위에 굴러다니는 자동차도 앞뒤 범퍼가 찌그러지지 않은 차를 찾아보기 힘들 정도로 고물 자동차들이 씽씽 달리고 있다. 심지어 오래 전에 단종되어 폐차되었을 한국산 자동차도 많이 굴러다니고 있다.

　복잡한 서울거리에서 30년 이상 운전을 했는데도 차선이 없는 카이로에서 운전을 하라면 자신이 없어 못할 것 같다. 그런데 교통 사고율이 우리나라보다 훨씬 많을 것 같지만 인사 사고는 거의 없고 경미한 접촉 사고가 가끔 있을 뿐이라니 놀랍다.

타흐리르 광장에서 이슬람지구 아즈하르Azhar 지역에 있는 후세인 광장
Middan it-Huseyn까지는 도보로 30분 거리이며 택시를 타더라도 기본요
금 5£E면 갈 수 있는 곳이다. 아즈하르 광장Middan it-Azhar에 면해 있는

아즈하르 모스크

유서 깊은 아즈하르 사원엔 아름다운 첨탑 5개가 높이 솟아 있고, 시계탑이 있는 아즈하르 대학도 같이 있다.

파티마 왕조의 고우하르 장군에 의해 970년에 창건되었고 988년에 카리흐 무이즈가 부속시설을 세운 아즈하르 마드라사Azhar Madrasit(대학)은 현재 이슬람 최고의 교육기관이다. 사원을 끼고 뒷길을 따라 가다보면 박물관이라고 쓰인 간판이 붙어 있다.

티켓을 끊어 안으로 들어갔더니 유물은 별로 볼 것이 없다. 간 김에 옥상에 올라가서 사원의 웅장하고 아름다운 석양노을의 전경 사진만 몇 장 찍고 내려왔다.

아즈하르 사원에서 도로를 건너 조금만 걸으면 후세인 광장과 모스크가 있다. 이 사원은 카이로에서 가장 중요한 이슬람 사원 중 하나로 시아파 이슬람교도들에게는 중요한 성지이다. 예언자 마호메트는 아들이 없이 죽었기 때문에 후계자 선정 문제로 분열을 겪었다. 우여곡절 끝에 마호메트의 넷째 딸, 파티마와 결혼한 알리가 칼리프(예언자)의 자리에 오르게 된다.

알리와 파티마의 차남으로 3대 이맘인 후세인은 680년에 이라크와 카루바라에서 우마이야왕조와 싸우다가 전사했는데 500년이 지난 1153년에 그의 두개골로 추정되는 뼈가 푸른 보자기에 싸인 채 발견되어 카이로로 옮겨졌다.

당시 시아파를 신봉하던 파티마왕조는 뼈를 찾은 날을 기념하기 위하여 후세인 모스크를 세웠다. 마호메트의 혈족인 알리를 정통으로 숭배하는 시아파 이슬람교도들에게 그의 외손자가 묻힌 이곳은 사원 이상의 중요성을 띄고 있는 곳이라 할 수 있다.

후세인 광장과 인접해 있는 칸 카릴리 시장은 카이로를 찾아온 많은 여행자들에게 많이 알려진 유명한 시장이다. 14세기 말에 형성된 오랜 역사를 가지고 있는 시장으로 수많은 인파가 넘쳐나고 미로처럼 얽혀 있어 한 번 들어가면 빠져 나오기도 쉽지 않다.

이집트에서 구할 수 있는 모든 물건이 이 시장에 있다고 해도 과언이 아니다. 의류, 가방, 금·은·동의 세공품, 각종 액세서리, 낙타가죽, 일상생활용품, 향수, 물파이프, 돌조각, 파피루스 등의 많은 상품을 쌓아놓고 관광객들을 유혹한다.

시장을 구경하며 가는데 한 상인이 은으로 만든 액세서리 팔찌를 사라며 따라 다닌다. 귀찮아 값이 얼마냐 물어보니 80£E라기에 너무 비싸다고 했

시아파 _____

시아란 분파라는 뜻으로 수니파(정통파) 이외의 분파를 총칭한다. 교조 마호메트에게는 아들이 없었기 때문에 그가 죽은 후 후계를 둘러싸고 대립하면서 시아파가 생겨났다. 수니파는 마호메트의 후계자를 정통 칼리프 왕조와 역대 칼리프 왕조의 칼리프(계승자·대리자라는 뜻)로 보는 데 반하여, 시아파는 마호메트의 사위 알리(제4대 칼리프)만을 정통 칼리프로 보고, 그 자식들을 이맘(종교지도자)으로 보았으며, 유파마다 해석이 다른 신성神性을 부여하였다.

칸 카릴리 시장의 유리 공예사   이집트 기념품

더니 얼마를 주겠느냐고 물어본다. 5£E면 사겠다고 했더니 10£E를 달라고 하여 고개를 흔드니 결국은 5£E에 준다.

　이렇듯 시장의 상인들은 가격을 터무니없이 높이 불러 흥정을 잘못하면 바가지를 쓸 수밖에 없다. 그들이 부르는 요금에 사도 그만, 안 사도 그만이라는 마음으로 흥정을 해야 싸게 구입할 수 있다.

　칸 카릴리 시장에서 여행자들이 주로 많이 찾는 것은 '카르투시'와 '파피루스'이다. 이집트의 일반 시장에서 볼 수 있는 파피루스는 바나나 껍질로 만든 가짜이므로 시간이 지나면 부셔져버리기 때문에 카이로 시내에 이집트 관광청에서 운영하는 파피루스 전시장에서 구매하는 것이 좋다.

　또한 아스완 시장에서는 누비안족이 만든 토산품이 있는데 잘만 고르면 상당히 만족스러운 물건을 건질 수 있다. 카르투시는 고대 파라오의 이름표 같은 것으로 은에 히에로글리프hieroglyph(상형문자)로 이름을 새겨 목걸이를 만들어서 걸고 다니도록 된 것으로 선물용으로 많이 구입하기도 한다.

경찰에게 가이드북에 소개된 '조르디' 라는 기념품점을 물어보니 친절하게도 시장의 미로처럼 엉킨 좁은 길을 오가며 다 낡은 2층 건물 구석진 점포로 안내를 해준다. 조르디는 칸 카릴리 시장에서 금은 세공품에 고대 상형문자를 직접 새겨주는 저렴한 기념품 가게인데 정액제로 판매하기 때문에 흥정이 필요 없는 곳이다.

조르디 가게의 은세공품, '카르투시'

저녁식사는 가이드북에 소개된 카이로에서 유명한 펠페라Felfela 레스토랑을 찾아갔는데, 이곳은 서양의 관광객뿐만 아니라 일본, 한국의 여행자들도 즐겨 찾는 곳이다. 위치는 타흐리르 광장 건너편인 탈라아트 하르브 거리의 선 호텔Sun Hotel 맞은편에 자리하고 있다.

메뉴는 코사리, 케밥류 등 이름도 모르는 다양한 요리를 1~10£E의 저렴한 값으로 먹을 수 있었으나 손님이 많아 오래 기다려도 좌석이 나지 않아

코사리

이집트 전통음식이다. 쌀과 렌즈 콩을 삶아 볶은 후 베이컨 조각과 토마토소스와 함께 먹는다. 이집트에 가면 한번쯤 맛볼만한 음식이다.

서서 먹고 나왔다.

　카이로의 야경을 보려고 타흐리르 광장에서 고고학 박물관을 지나 약간의 경사진 언덕바지에 자리한 나일힐턴 호텔 12층 전망대를 찾아갔다. 카이로 시내의 야경을 한눈에 조망하기에 아주 좋은 위치다. 게지라 섬 남쪽에 우뚝 솟아 있는 높이 187m의 카이로 타워가 화려한 불빛을 밝히고 있다. 나일강변의 고층빌딩들 사이로 휘황찬란한 오색등을 밝힌 유람선도 오간다. 뒤를 돌아보면 고고학 박물관이 조명을 받아 은은한 색깔로 신비스러운 세계를 연출하는 것처럼 보인다.

기자 : 스핑크스, 쿠푸 · 카프라 · 멘카우라 피라미드
→ 카이로; 이집트 국립 고고학박물관, 나일강 유람선

기자 피라미드와 스핑크스 ^{셋째날}

오전 7시에 서둘러 숙소에서 제공하는 토스
트 몇 장과 삶은 계란 하나로 조반을 해결하고 카이로에서 13km 떨어진 기
자로 향하는 미니버스에 올랐다. 타흐리르 광장을 출발한 버스는 40분 만에
기자 피라미드 인근에 있는 카르데사 마을에 도착하였다. 이곳 주차장에서
매표소까지는 걸어가는데 각종 기념품을 파는 상인과 낙타 몰이꾼들의 호객
행위가 끈질기다. 단호히 거절하고 '소리와 빛의 쇼' 관람석 옆에 있는 매표
소에 들러 40£E를 지불하고 입장티켓을 끊었다.

이집트 하면 피라미드Pyramid와 스핑크스Sphinx가 제일 먼저 떠오르는

상징적인 곳이라 할 수 있다. 그런 피라미드와 스핑크스가 지금 눈앞에 파노라마처럼 펼쳐져 나를 감동시키기에 충분하였다. 장구한 세월 동안 황량한 사막에서 고립, 무언의 자세로 잠들었던 피라미드와 스핑크스가 최근의 관광 붐을 타고 이방인을 맞고 있었다. 스핑크스는 카프라Haram Khafra왕의 피라미드 정면에 위치하고 있으며 사람의 머리에 사자의 몸을 가진 인면수신人面獸身 형상으로 마치 피라미드를 수호하듯 당당하게 서 있는 모습이다.

스핑크스 상

1735년 마예는 스핑크스가 '여자의 머리에 사자의 몸통'이라고 생각하고 '처녀와 사자가 한 몸을 이룬 12궁일지 모른다'고 적었다. 오래전에 그려진 스핑크스는 모두 모래 위에 불쑥 튀어나온 기념비적인 머리 형태만 묘사되어 있다. 1816년 카비글리아의 지휘로 시작한 모래 제거 작업이 한때 중단되기도 했다. 그 이후 1886년 마스페로와 브룩슈의 작업으로 파라오 카프라의 무덤을 보호하기 위해 건축된 배를 깔고 엎드려 있는 기자의 사자의 모습이 완전히 드러났다.

그러나 스핑크스는 오랫동안 사막에서 불어오는 모래바람에 묻혀 있어 풍화작용에 의한 마모를 막았으나 모래 제거 작업으로 오히려 훼손되고 있다. 스핑크스는 자연 암석을 이용하여 조각한 것으로 높이가 20m, 길이가 무려 73m나 되는 거상으로 머리는 카프라 왕의 생전 얼굴이라고 한다.

그러나 아랍인의 침입으로 코가 떨어져 나가고 영국에 의하여 수염을 빼앗겨 현재의 얼굴은 공포의 아버지 상이라기보다는 오히려 자애로운 사막의 수호신처럼 느껴졌다.

스핑크스를 지나 약간 경사진 언덕길을 500m 정도 올라가면 정면에 웅장한 쿠푸 왕의 피라미드Pyramid of Khufu가 앞을 가로막는다. 피라미드는 바닥 부분의 모양이 정사각형의 형태로서 한 면의 길이가 230m, 높이가 원

쿠푸 왕의 피라미드

래는 146m이었으나 현재는 정상부분이 무너져 137m에 달한다. 그래서 지금은 정상 중앙에 철봉을 세워 원래의 높이를 알 수 있도록 해놓았다.

피라미드 건설에 260만 개의 돌이 소요되었고 전체 중량이 700만 톤에 달한다고 한다. 사면의 피라미드 벽면은 정확히 동서남북을 가리키는데 현재의 방위각과 한 치의 오차도 없고 밑변의 길이도 같다고 한다.

예전에는 표면이 외장용 화강암으로 덮여 있었으나 지금은 도둑들이 떼어

가고 표면에 울퉁불퉁한 돌이 그대로 드러나 있다.

쿠푸 왕의 피라미드 내부로 들어가려면 40£E를 주고 따로 티켓을 구입한다. 매일 300명만 들여보내는데 오전에 150명, 오후에 150명으로 제한되어 있다.

피라미드 내부는 경사가 가파른 터널을 허리를 굽이고 들어가다 보면 묘실 玄室이 나오는데 벽화도 없고 양쪽 벽에 환기구멍만 두 개가 뚫려 있다. 피라미드 내부는 특별히 의미를 부여하고 볼만한 것은 없었지만 돌을 쌓아올린 속에 이런 공간이 만들어졌다는 점과 피라미드 내부를 한번 들어가 보았다는 것으로 위안을 삼았다.

카프라 왕의 피라미드Pyramid of Khafra는 3개의 피라미드 가운데에 위치하고 있으며 높이가 143m로 쿠푸 왕의 피라미드 보다 작은 듯하지만 현재는 가장 높다. 또한 쿠푸 왕의 것보다 좀 높은 곳에 세워져 있으므로, 보는 방향에 따라서는 좀 더 크게 보인다.

피라미드 가운데 비교적 잘 보관되고, 피라미드를 아름답게 보이기 위해 화강암으로 만들어진 화장석도 일부 남아 있어 가장 아름다운 외관을 가졌는데, 정상부에는 화강암이 그대로 남아 있어 햇빛을 받으면 빛이 반사하고 있었다.

내부는 북쪽 입구를 통해서 들어갈 수 있으나 쿠푸 왕의 피라미드와 마찬가지로 들어가는 길이 좁은 터널로 되어 있다. 이 피라미드의 동쪽에 신전이 축조되어, 스핑크스 남동쪽에 세워진 아안 신전과 참배용 도로로 연결되어 있었다.

멘카우라 왕의 피라미드Pyramid of Menkaura는 기저부의 한 변이 105m, 높이 65m로 3대 피라미드 중에서는 가장 작다. 카프라 왕의 것과 같은 배열의 신전이다. 아안 신전도 있었으나 지금은 폐허로 변했다.

기자의 3대 피라미드의 석재는 대부분 석회암인데, 이는 기제 남동쪽 약 15km 지점의 투라에서 잘라낸 듯하며, 화장석으로 쓰인 화강암은 남쪽으로 900Km나 떨어진 아스완에서 나일강을 이용하여 운반된 듯하다. 찾아오는 관광객이 적고 도로에서 꽤 떨어져 있어서 정적에 잠겨 있다.

오늘날 세계 7대 불가사의 중 하나로 손꼽히는 기자의 피라미드Giza Pyramid와 스핑크스는 지금으로부터 약 4,500년 전인 고대 이집트 왕국 제4왕조 시대에 만든 것이란다. 반만 년의 시공을 초월하여 우리 앞에 당당한 모습으로 그 원형을 자랑하듯 드러내 보이고 있는 웅장한 스케일에 압도되어 할 말을 잃었다.

우리나라 청동기 시대 단군신화가 등장한 시기와 비슷한 연대로 추정되는 피라미드와 스핑크스를 바라보는 나의 마음이 어쩐지 허전해 옴을 느낀다.

카이로와 거리상으로 가깝지만 반사막 지대여서 겨울인데도 한낮의 기온이 따갑게 느껴진다. 내려오면서 이대로 떠나기에는 너무나 아쉬워, 그 아쉬움을 달래볼 양으로 스핑크스와 피라미드를 일직선상에 놓고 다양한 각도에서 멋진 작품 사진을 기대하면서 카메라 셔터를 계속 눌러본다.

기자에서 카이로 시내로 돌아온 이후 점심 겸 휴식시간을 갖다가 오후에 이집트 국립 고고학 박물관을 찾아 나섰다. 타흐리르 광장의 북쪽에 위치하고 있는데, 박물관 자체의 규모는 크지 않지만 투탕카멘의 황금 마스크가 소장되어 있어 유명한 곳이다.

    정문을 들어서면 건물 전체가 분홍색으로 화려하게 단장되어 있고 정원의

이집트 국립 고고학 박물관의 전경

연못에는 　상 이집트　의 상징인 파피루스가 있고, 　하 이집트　의 상징인 연꽃이 심어져 있다. 박물관에서는 기본적으로 사진촬영이 금지되어 있으나 사진촬영이 가능한 곳에서도 플래시를 터트리고 찍을 수는 없다.

이 박물관은 1857년 프랑스인 이집트 학자 오게스트 마리에뜨가 당시의 지배자 사이드 파샤에게 유언함으로서 건축되었다. 현재 2층 건물은 마르셀 다르남의 설계로 1922년에 완공된 것이다. 이 박물관의 소장 유물은 12만 점이라 한다. 공개된 유물은 3만 점 정도로 대부분이 진품이고 로제타 비석문(상형 문자를 해독하게 된 비석)만 모조품이라고 한다.

박물관은 각 전시실마다 매겨진 번호를 따라 관람하는 것이 가장 일반적이다.

전시실은 1층은 고왕국(B.C 3100~2000), 중왕국(B.C 2000~1570), 신왕국(B.C 1570~1057) 등의 시대 순서대로 관람하는 구조이며, 2층에는 미라관으로 미라와 함께 미라를 만들던 장비들도 전시되어 있다. 카이로의 고고학 박물관은 이집트 전역에서 출토된 방대한 유물을 모아 놓은 세계 3대 박

상 · 하 이집트 _____

지금부터 6,000년전 이집트는 지금처럼 통합된 하나의 나라가 아니었다. 문화나 생활방식이 달랐기 때문에 나일강의 상류 유역엔 상 이집트, 나일 삼각주엔 하 이집트로 나누어져 있었다. 그런데 상 이집트는 점점 사막이 되어간 반면 하 이집트는 인구가 밀집된 풍요로운 땅으로 육지와 바다를 통해서 다른 이민족들과의 교역과 교류가 활발했다. 그 후 1,000여년에 걸쳐 끊임없이 적대하고 경쟁하던 상 · 하 이집트는 기원전 3,000년경 무렵, 상 이집트의 나르메르 왕에 의해 최초로 통일되었고, 수도는 나일강 유역의 곡창지대가 시작되는 멤피스에 건설되었다.

물관 중의 하나이다.

1922년 11월 4일에 룩소르의 왕가의 계곡에서 발굴된 그 유명한 투탕카멘 Tutankhamen 왕의 황금 마스크와 유물이 전시되어 있어 1층보다 2층이 비교적 인기가 높은 편이다.

고고학 박물관에서 관심을 가지고 살펴본 주요 전시물은 1층 3호실의 네 페르티티의 미완성 두상, 11호실의 하쳅수트 여왕의 두상, 12호실의 아문 신의 조상, 15호실의 귀가 새겨진 작은 제단, 17호실의 센네젬의 묘비 문, 24호실의 하토르 여신과 파사메틱, 25실의 안크파케레드 블록 조각, 47호실의 메레산크와 두 딸 및 멘카우레왕의 3신상이 있다. 23호실에 보석, 구슬팔찌, 가슴장식, 미라덮개, 27실의 장례마스크, 그물고기잡이, 48실의 아멘호텝의 샤브티와 석관모델 고슴도치가 있다. 이집트 고고학 박물관 유물 중에서 2층에 있는 투탕카멘의 전시실에 있는 황금마스크, 황금관, 가슴장식, 황금의자, 작살을 쥔 투탕카멘, 투탕카멘의 조카 상, 아누비스 신상 등이 유명하다.

투탕카멘은 원래 비중 있는 왕이 아니었지만 ' 투탕카멘의 저주 ' 때문인

투탕카멘의 저주

"이 무덤을 여는 자에게는 죽음의 날개가 옷깃을 스치리라" 라는 글귀가 묘실 앞에 새겨져 있었던 투탕카멘의 무덤은 발굴에 관계되었던 20여명이 6개월 내에 이런 저런 이상한 이유로 죽었다는 이야기로 더욱 유명해졌다. 룩소르에 있는 왕가의 계곡에서 마지막으로 발견된 무덤인데 이집트에 있는 80여 개의 피라미드와 왕가의 계곡의 수많은 왕의 무덤 중 유일하게 도굴을 당하지 않은 완전한 상태로 발굴되었다.

투탕카멘의 황금 마스크

지 유명해졌다. 테베 서안의 골짜기에 깊숙이 숨겨진 파라오들의 무덤들은 도굴꾼들에 의해 2,000년 전부터 대부분 파헤쳐졌다. 그러나 도굴꾼들도 '투탕카멘의 저주'를 두려워해 투탕카멘의 무덤만은 손대지 못했다. 그러나 그 후로도 500년에 걸쳐 잊혀진듯 남아 있는 하나의 무덤이 투탕카멘의 무덤이다.

투탕카멘은 신왕국 시대 제 18왕조의 왕으로 B.C. 1361년 10세의 나이로 왕위에 올라 12세의 소녀와 결혼을 했고, 17세의 어린 나이에 사망한 것으로 전해지고 있다. 투탕카멘의 아버지인 선왕 아크나톤Aknaton이 죽자 의붓어머니 네페르티티가 왕권을 잡았다가 다시 그녀가 죽자 투탕카멘이 왕위에 올랐으나 두드러진 업적이 없어 왕조사에 제대로 이름도 나타나지도 않았다.

그런데 1922년 10월 26일 영국의 카나본 경과 고고학자 카터에 의하여 왕가의 계곡에서 3300년 전의 투탕카멘의 무덤이 거의 완벽한 상태로 발견되었다. 무덤에서 화려한 부장품들이 원상 그대로 발견됨으로서 이집트 파라오 가운데 가장 유명해지게 되었다고 한다.

배낭여행자로서 항상 느끼는 고충은 유적지나 박물관을 관람할 때 그 나라 여행지의 역사에 대한 이해가 부족한 점이다. 그리하여 수박겉핥기 식으로 사진만 찍고 오는 경우가 많았다. 오늘도 이집트 유물의 진가를 제대로 느끼지 못하고 답답한 심정으로 전시물 앞에 서성이고 있다.

마침 한국인 관광객인 중년 부부가 우리말 가이드를 고용하여 유물에 대한 설명을 들으며 관람하고 있어 양해를 구하고 뒤따라 다니며 설명을 듣기도 했다.

오후 4시경에 박물관을 나와 10분 정도를 걸어서 나일힐턴 호텔 앞 선착장에 도착하여 유람선에 올랐다. 나일강을 오르내리는 유람선에 석양노을이 서쪽 하늘을 벌겋게 물들여 빌딩 사이로 비춰주고 있어 황홀케 한다. 유람선에는 주로 검은 스카프처럼 생긴 부르카Burqu로 머리를 두른 젊은 여성들이 많았다.

부르카를 쓴 이집트 여인들

평소에 이슬람 여인들은 폐쇄적이고 외간 남자와 내외하는 것으로만 알고 있었는데 의외로 개방적이고 대담한 행동을 보여주어 우리를 놀라게 했다. 많은 사람 앞에서 힙을 요란하게 흔들어 춤추고 노래를 하는가 하면 능동적으로 사진도 찍자며 포즈를 취하기도 한다.

이슬람의 여인들은 베일 속에 가려진 장막의 여인으로만 생각했는데, 동서양을 막론하고 시대의 변화에는 이곳 젊은 세대들도 예외 없이 변화의 물결에 동승하고 있음을 알 수 있었다.

화려한 오색등으로 장식한 나일 시티Nile City라는 유람선을 타고 나일강변의 촉촉한 분위기에 젖어 디너를 즐기다 숙소로 돌아왔다. 숙소에 도착하자마자 배낭을 꾸려 밤 10시에 출발하는 아스완 행 기차를 타려고 무바라크 역으로 나갔다.

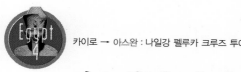

아스완의 나일강변 ^{넷째날}

카이로에서 이집트 최남단의 관광도시 아
스완Aswan까지 900km인데 비행기로 1시간 10분(160US$)이 소요된다. 하
지만 이집트 내에서 유적지 간을 비행기로 이동한다면 배낭여행의 기본취지
와 의미도 그만큼 퇴색될 것이다. 우리가 탄 2등 칸 기차(45£E)는 우리나라
의 과거 완행열차 수준이지만 그래도 차내는 양호한 편이다. 기차는 칠흑 같
은 어둠을 헤치고 밤을 새우며 아스완을 향해서 남쪽으로 달려갔다.

예정 시간보다 2시간 늦은 12시 30분에 아스완 역에 도착하여 14시간 30
분이 소요되었다. 역 광장으로 나와 손님을 유치하려고 나온 숙박업소 안내자를 따라 5분 거리에 있는 누르 한 호텔Noor Han Hotel에 조식을 포함한 7£E에 방을 정하고 짐을 풀었다.

아스완은 룩소르 남쪽 200km 지점 나일강 동쪽 해안에 위치한 인구 20만 명의 아프리카 풍의 변경도시이다. 일 년 내내 쾌적하고 따뜻한 날씨가 계속 되는 이집트의 대표적인 겨울 휴양지로 나일강의 아름다움을 걸어서 감상하 기에 좋은 곳이다.

나일강은 아스완에 이르러 황색의 사막과 화강암 바위 사이로 흘러가는 가 장 아름다운 자태를 드러내 보인다. 해안도로를 따라 거닐며 강에 떠 있는 보트를 구경하며 하늘 높이 매달린 돛대를 보거나, 강가의 수상 레스토랑에 서 누비아인들의 음악을 들으며 신선한 생선을 먹는 것도 좋을 것이다. 또한 이곳은 아부 심벨로 가는 관문이자 펠루카 여행의 중심지라 많은 여행자들 이 찾는 곳이다.

1898년에서 1912년 사이 영국인들에 의해 아스완 댐이 건설된 이후 많은 유적들의 침수가 있었고, 이 댐이 관개와 홍수 조절을 위한 능력이 떨어지자 이집트 정부는 좀 더 완벽한 홍수 통제를 위해 1971년에 아스완 하이댐을 건 설하였다. 이 때문에 다시 수위가 높아져서 많은 유적들이 사라지게 되었다. 이시스 섬의 필레 신전은 원래의 장소에서 북쪽으로 150m, 나세르 호숫가에 있는 람세스 2세의 아부 심벨 신전은 200m 정도를 옮겨서 복원한 것이다. 댐으로 인해 유적이 수몰되기 전에는 관광 도시로서의 역할을 다했지만 지 금은 댐을 이용한 화학비료 등의 공업이 잘 발달되어 있다. 누비아 박물관에서 수몰 이전의 유물들을 구경할 수도 있고, 근처의 필라에 섬의 이시스 신전을 구경할 수 있다. 그래도 가장 유명한 것은 나세르 호수를 따라 원래의 장소에서 200m 정도 이전된 람세스 2세의 아부 심벨Abu Simbel 유적지다.

아스완의 나일강변

야간 열차여행으로 고달픈 심신을 풀면서 휴식 시간을 갖다가 오후 3시 30분 경에 펠루카 크루즈 투어에 나섰다. 나일강변 선착장에 정박한 펠루카들이 손님을 기다리고 있지만 관광 비수기라서 손님은 별로 많지 않았다. 펠루카는 고대 이집트의 전통적인 흰 돛단배로 나일강 주변에서는 아직도 이 지역의 주요한 교통수단으로 이용되고 있다.

학의 무리가 너울너울 춤추듯
나일강과 같이 흘러가는 펠루카

조선시대의 마포나루에서 황포돛대를 올리고 한강을 오르내리던 돛단배와 지금 나일강을 오가는 펠루카가 어쩌면 이렇게 비슷할까? 기름 냄새도 없고, 요란한 모터소리도 없이 그저 바람의 힘을 돛에 실어 나일강을 오르내리고 있다. 오로지 펠루카를 타려고 아스완을 찾아온 여행자가 많다는 사실에 놀라울 뿐이다. 우리도 나일강처럼 한강에 황포돛배를 띄우는 관광자원을 개발하여 많은 여행자가 찾아오는 관광도시 서울이 되기를 기원하는 마음으로 펠루카에 올랐다.

아스완은 크루즈가 시작되는 가장 좋은 기점으로 아부 심벨 신전과 필레 신전까지 운행하는 2일 코스도 있지만, 우리 일행은 아스완 앞에 떠 있는 키츠너 섬을 펠루카로 한 바퀴 돌아오는데 약 2시간 정도 소요되는 코스로 1인당 5£E이 들었다.

나일강에 하얀 돛을 세운 펠루카들은 풍향에 따라 백학무리가 너울너울 춤추듯 주변 경관을 즐기면서 흘러가듯 앞으로 나간다. 펠루카로 나일강변의 군데군데 떠있는 한 폭의 그림같이 예쁜 섬들과 고대 유적지 사이를 미끄러지듯 전진하며 돌아보노라니 운치가 정말 그만이었다. 특히 해거름의 나일강 풍경은 가히 환상적이다. 이러한 황혼의 분위기에 젖어 마냥 행복하기만 한 펠루카 크루즈 투어가 끝나는 것이 못내 아쉽게 느껴졌다.

아부 심벨 → 아스완 하이댐 → 필레 신전 → 오벨리스크 → 룩소르

수백 개의 문이 있는 도시 _{다섯째날}

   새벽 2시 30분에 기상하여 몸단장을 하고 3시 30분에 아부 심벨Abu Simbel 투어에 올랐다.

   아부 심벨은 아스완 남쪽 280km 지점인 나세르 호수 부근에 있다. 1997년, 룩소르에서 여행자를 상대로 한 테러 사건이 발생한 이후로 아부 심벨로 가는 육로가 폐쇄되었다가 2001년에 재개되었다. 그 이후 이집트 정부에서는 여행자의 신변보호를 위해 아부 심벨로 가는 육로는 미리 경찰에 신고를 한 차량들만 새벽 4시에 모여 함께 출발하도록 되어 있다.

   또한 아스완에서 이집트 항공이 매일 운항하고 있다. 아스완에서는 약 40

분, 카이로에서는 약 1시간 30분이 소요되며, 공항에서부터 유적지 근처까지 버스가 있다. 여행사의 패키지로 참가를 하게 되면 버스로 갈 수 있는데 아부 심벨 투어 요금은 45£E 정도로 새벽 4시(오전 11시경에도 출발)에 출발해서 약 3시간 정도 걸린다.

여러 대의 각기 다른 투어 차량이 선도차를 따라 가는 사이에 어둠이 거치면서 황량한 사막을 가로질러 뚫린 고속도로를 달려나갔다. 떠오르는 태양을 바라보며 7시경에 아부 심벨 주차장에 도착하였다. 아부 심벨을 방문한 관광객은 주로 한국 사람이 많았고 어쩌다 서양 사람이 몇 명 섞여 있는 정도다. 관광객이 많아 줄을 서서 대기하며 티켓(61£E)을 끊어 입장하는데 30분 이상을 기다려야 했다.

아부 심벨 신전은 원래 이곳에 있었던 것은 아니고 이집트에서 아스완 하이댐 건설로 신전이 수몰될 위기에 처했을 때 1968년부터 1972년까지 공사가 진행되었고, 2,000개의 조각으로 나누어 약 200m 위인 물길이 닿지 않는 현재의 위치에 완벽하게 복원되었다.

지금부터 약 3,300년 전 고대 이집트 신왕국시대 제 19왕조인 람세스 2세가 카르나크 신전이나 룩소르 신전, 아부 심벨 신전에 자신의 거상을 많이 남겨 놓았다. 아부 심벨 신전은 피라미드와 더불어 이집트를 상징하는 대표적인 유산이다.

매표소를 지나 안쪽으로 들어가면 바로 모래 산이 나오고, 아름다운 나세르 호수를 보면서 오른쪽으로 돌아가면 대신전의 정면이 나타난다. 신전 정

아부 심벨의 람세스 2세 대신전

면에 20m 높이의 람세스 2세의 좌상 4개가 웅장한 자세로 위용을 드러내고 있지만 좌측에서 두 번째 석상은 몸통이 떨어져 나가 조금 아쉽게 느껴졌다. 아부 심벨은 람세스 2세가 건축한 두 개의 신전으로 하나는 람세스 2세의 대신전과 다른 하나는 자신의 왕비인 네페르타리와 사랑과 미의 여신 하토르에게 바친 소신전이다.

아부 심벨 대신전은 바위를 파고 뚫어서 만든 암굴신전으로 안으로 들어가면 좌상의 중앙에 태양신 라 하라크트Ra Harakht의 석상이 안치되어 있고, 제 1실에는 높이 10m의 람세스 상 8개가 기둥 역할을 하며 오시리스 신의 모습으로 서 있다.

벽면에는 자신의 업적을 알리는 상형문자가 빼곡히 새겨져 있고 카데슈에서 히타이트와의 대규모 전투 장면을 부조로 표현해 놓았다. 안쪽 제 4실(지성소) 제단에는 4개의 신상을 모셔 놓았는데, 오른쪽부터 태양의 신 라 하라크티, 람세스 2세, 아몬 라 신, 어둠의 신 프타의 좌상이 나란히 있다.

매년 람세스 2세의 생일인 2월 22일(춘분)과 9월 22일(추분)에 입구로부터 61m 들어간 지성소까지는 햇빛이 20분 동안 들어 라 하라크티·람세스 2세·아몬 라 신 3개의 조상彫像 얼굴은 밝게 비쳐주고 어둠의 신 프타에게는 빛이 도달하지 않았다고 한다. 신들의 조상에 람세스 2세가 있다는 것은 그가 신의 반열에 들어서 있음을 알 수 있다. 나이 30세에 이집트 파라오에 즉위하여 67년 동안을 통치하고 96세에 사망하였으니 그 당시 그는 이미 신으로 추앙을 받은 듯하다.

소신전은 대신전에서 150m 정도 떨어져 있으며 람세스 2세가 자신의 왕비 네페르타리를 위해 건축한 것이다. 정면에 높이 10m의 6개 거상이 나란히 서있는데 왕과 왕비, 여신을 표현한 것이다. 왕비를 위한 소신전이면서도

람세스 2세 신전과 대신전의 벽화

네페르타리 왕비와 하토르 여신에게 바친 소신전

람세스 2세의 상이 더 많은걸 보면 파라오로서 권위가 더 앞섰던 모양이다. 소신전 내부 길이는 20m로 3개의 방이 있고 벽면에는 종교적인 그림과 고대 상형문자가 새겨져 있다. 대신전 벽화는 용맹을 나타내는 전쟁장면으로 채워졌고 소신전은 미와 음악, 기쁨의

람세스 2세 대신전의 부조 벽화

여신인 하토르가 네페르타리에게 축복을 내려주고 네페르타리가 신들에게 경배하는 그림으로 채워졌다. 람세스 2세는 건축가로도 불리는데 그래서인지 이집트 어디를 가나 커다란 규모의 그의 입상과 좌상이 있다. 정교한 조각과 아름다운 벽화, 자신의 업적을 새긴 부조가 참으로 아름답다.

신전 앞 푸른빛의 나세르 호수는 햇빛을 받아 반짝거리고 있다. 뒤에는 호

수를 앞에는 신전을 두고 잠시 휴식을 취하고 돌아서 출구로 나와 다시 아스완으로 되돌아가는 버스에 오른다. 태양이 이글거리는 황량한 사막을 한참 동안 달리니 200~300m 전방에는 바다의 수평선이 펼쳐진 듯 착시현상이 나타난다. 버스가 그 지점을 가까이 가면 출렁대는 바다는 더 멀리 가버리는 신기루 현상이다. 사막에서는 멋진 일출과 신기루까지 보았으니 아부 심벨은 우리에게 그 자신의 모습뿐만 아니라 더 많은 것을 보여 준 셈이다.

아부 심벨에서 돌아오는 길에 하이댐High Dam(5£E)을 먼저 돌아보며 잠시 휴식시간을 가졌다. 아스완 시내에서 12km 지점에 있는 하이댐은 길이가 3.6km, 높이 111m의 거대한 댐으로 세계에서 세 번째로 큰 댐이란다. 지금은 댐을 이용한 화학비료 등의 공업이 발달되었고 댐 위쪽에는 발전소도 보이는데 망원렌즈를 이용한 사진 촬영은 금지되어 있다. 황색의 사막과 화강암 바위 사이로 흘러 들어온 나일강물이 하이댐 인공 담수호에 초록색 물감을 뿌려 놓은 듯 아름다운 풍광으로 한낮의 더위를 식혀주는 듯 하다.

하이댐에 건설된 발전소 모습

황량한 사막의 나일강 유역은 이집트 고대 문명이 성립될 수 있는 비옥한 땅을 제공해 주었다. 그러나 매년 연례적인 행사처럼 나일강이 범람하여 인근 주민들을 수 천년 동안 괴롭혀 가난에 허덕이게 만들었다. 영국의 식민통치를 받고 있던 이집트는 1892년에 댐 공사를 착공하여 20년만인 1912년에 완공하였다. 하이댐 건설은 이집트의 모습을 한순간에 바꿔버린 대 토목공사였다. 이 때문에 다시 수위가 높아져서 많은 유적들이 사라질 위기에 놓이자 유네스코에서 엄청난 재원을 들여 인류 역사상 최대 규모의 문화재 이전 공사를 벌였다.

하이댐을 출발한 버스는 아스완 하이댐과 아스완댐 중간에 인공호수로 떠 있는 필레(이시스) 섬으로 들어가는 선착장에 도착한다. 매표소에서 티켓(40 £E)을 끊어 보트를 타러 가는 출구는 노점상들이 점령하고 있어 통로가 없다. 어렵게 보트에 올라 필레 섬을 향하여 5분 정도를 가니 조그마한 섬에 웅장한 신전이 모습을 드러낸다.

필레 신전 Temple of Philae은 눈이 시리고 부시도록 맑은 청정호수에

필레 신전

필레 신전은 지혜와 미의 여신 이시스를 모시는 곳으로 기원전 4세기(프톨레마이오왕조)부터 기원후 4세기초(로마시대)에 만들어졌다. 535년에는 비잔틴제국의 유스티아누스 황제가 기독교를 전파하면서 이 신전을 교회로 사용했다. 1904년 아스완에다 첫 번째 댐을 건설함에 따라 물을 방류하는 8월에만 볼 수 있다가 두 번째 댐(하이댐) 건설로 섬이 물에 잠기게 되어 150m 북쪽에 있는 아길리카 섬을 필레 섬처럼 꾸민 후 이곳으로 옮겼다.

반영되어 한 폭의 수채화처럼 아름다운 모습인데, 도연명이 말한 선경에 무릉도원이 이곳을 이름인가! 고대 이집트인들도 삭막한 사막 가운데에서 천하의 절경을 찾아 신전을 축조한 지혜가 오늘을 살아가는 현대인들보다 여유로움을 느끼게 한다.

이 필레 신전도 아부 심벨 신전과 마찬가지로 유네스코가 주축이 되어서 세계 50개국이 참가해 기금을 모아 아킬키아 섬으로 옮겨진 문화유산이다. 기원전 300년 전에 축조된 필레 신전이 있는 필레Philae 섬은 고대 이집트의 성스러운 섬으로, 신화에 의하면 오리시스 신의 섬이며 이시스 신이 호루스 신을 낳은 섬이라고 전해진다.

고대 이집트 말기 왕조 시대부터 알렉산더의 이집트 점령 후 로마 시대에 걸쳐 다양한 양식으로 신전이 세워졌다. 그리스식의 원형 기둥에 파피루스 꽃문양이 그것을 잘 보여주고 있다.

필레 신전 지성소에는 신화의 내용을 묘사한 부조가 있다. 필레 신전이 가

이시스 신

이시스는 이세트Iset를 그리스어로 번역한 말이다. 이시스는 대지의 신 게브와 천공天空의 여신 누트의 딸인데, 오빠 오시리스의 아내가 되어 호루스를 낳았다. 동생 세트의 손에 죽은 남편의 갈가리 찢긴 유해를 고생 끝에 찾아내어 비탄 속에 매장한 일, 또한 자식 호루스를 온갖 위험으로부터 보호하며 양육한 일들로 아내와 어머니의 본보기가 되는 여신으로 알려졌다. 아스완의 위쪽에 있는 필레 섬에는 이시스의 신전神殿이 있어서 그 단정한 아름다움을 자랑하고 있다. 이 여신에 대한 신앙은 이집트 지역 밖으로까지 퍼져, 이시스교敎로서 소 교단을 형성하기도 하였으며 그리스 사람들은 그녀를 데메테르, 헤라, 셀레네, 아프로디테와도 동일시하였다.

이시스 섬의 필레 신전

장 볼만하며, 신전은 제 30왕조의 네크타네보 1세가 세웠는데, 후세의 지배자인 프톨레마이오스왕조의 왕들이 증·개축 했다. 정문은 높이 18m, 너비 45m나 되는 제 1탑문이고, 벽면에는 네크타네보 1세의 이름이 카르투시에 새겨져 있는데 여기서부터 탄생 전, 높이 12m의 제 2탑문, 열주실, 지성소 등이 거의 일직선으로 배치되어 있다. 보존상태도 훌륭하고 벽면을 장식하고 있는 부조와 상형문자도 명료하게 보이며, 특히 하나하나가 다른 장식을 가지고 있는 열주가 볼만 하였다.

아스완 시가 남쪽 1km 지점 변두리에 있는 고대의 채석장에 높이 약 42m, 바닥 4m²의 거대한 미완성 오벨리스크 obelisk가 있는데(입장료 20 £E), 아직 해명되지 않은 고대 이집트 토목기술의 일부분을 아는 데 귀중한 자료가 된단다.

오벨리스크

하나의 거대한 돌을 깎아 만드는데 단면은 사각형이고 위로 올라갈수록 가늘어지며 그 끝은 피라미드 형태로 되어 있다. 태양신 신앙과 관계가 있는데, 고왕국(古王國) 시대에 분묘의 기념비로 건립된 것이다. 제 18왕조의 투트모세 1세 이후로 제왕(諸王)이 명문(銘文)을 4면에 새긴, 아스완의 화강석 오벨리스크를 카르나크의 아몬 신전 앞에 세웠는데 대부분 유럽으로 옮겨졌고, 현재는 투트모세 1세와 하트왕의 것이 하나씩 남아 있을 뿐이다. '클레오파트라의 바늘'이라 불리는 투트모세 3세의 것은 19세기에 워싱턴 D.C.과 런던으로 옮겨졌다.

고대의 채석방법은 끊어낼 선을 따라 홈을 파고, 그 홈 속에 균등한 간격으로 쐐기를 박아 넣어 끊어낸 것으로 추정되며, 풍화 탓일지도 모르지만 남아 있는 돌의 표면은 모두 매끈하여, 고대기술의 완성도가 높았음을 엿볼 수 있다.

미완성된 오벨리스크

미완성 오벨리스크는 중간 두 곳에 금이 갈라져 있는데 작업 중 실수였는지는 알 수 없으나, 만약 완성되었다면 세계 최대의 오벨리스크가 되었을 것이다.

이곳 채석장에서 만들어진 오벨리스크는 무동력 운반선으로 나일강을 따라 룩소르Luxor로 옮겨졌다. 지금까지 당연해 보이던 오벨리스크가 석공들의 기예와 대단한 노력으로 만들어져 이집트 여러 지역으로 보내진 것으로 생각된다.

미완성 오벨리스크가 누워있는 채석장 관람을 마치고 숙소로 돌아와 길거리 포장마차에서 꼬치로 저녁식사를 해결하고 서둘러 아스완 역으로 나갔다.

오후 6시에 출발하는 기차는 밤 11시경에 룩소르 역에 도착하였다. 역 주변 호객꾼의 농간에 기분이 상하기도 했지만 10£E에 조식을 제공받는 조건으로 세인트 미나 호텔에 여장을 풀었다.

룩소르는 카이로 남쪽 670km 지점 나일강 동안에 위치한 이집트의 유명한 관광지이다. 녹음이 짙은 운하에 유럽풍의 멋이 깃든 호텔과 낭만이 넘치는 아름다운 도시이다.

고대 인류문명이 살아 숨 쉬는 나일강 중류에 자리한 룩소르의 옛 이름은 '테베'였으며 기원전 16세기 이집트의 전성기를 연 중왕국과 신왕국의 도읍지였다.

중왕국 시대까지는 피라미드 콤플렉스처럼 무덤과 장제전, 하안 신전이 하나였으나 신왕국에는 왕가의 골짜기처럼 암굴 분묘와 핫셉슈트Hatshebset 여왕의 장제전이 대표적인 신전으로 나누어졌다.

고대 이집트의 풍요를 상징하는 룩소르를 고대 그리스의 유랑시인 호메로스는 「일리아드 오딧세이」에서 '수백 개의 문이 있는 도시'라고 노래하였다. 지금은 작고 초라한 도시에 불과하지만 도시의 곳곳에 남아 있는 당시의 유적이 영화롭던 옛 모습을 그대로 보여주고 있다.

고대 이집트인들은 나일강을 중심으로 동쪽을 산 자, 서쪽은 죽은 자의 땅으로 나누었다. 피라미드와 같은 무덤들은 황량한 나일강의 서안 사막지역에, 도시나 신전 등은 동안에 세워져 보존되어 왔다.

룩소르의 유명한 유적지인 왕가의 계곡 역시 나일강의 서안에 위치하고 있다. 투탕카멘 등 62개 왕족의 무덤이 발견된 이 계곡은 낮 기온이 섭씨 45~46도까지 올라가지만 한 여름에도 관광객의 발길이 끊이지 않을 정도로 인기가 높다. 동안의 룩소르 신전과 카르나크 신전에서 파라오들의 압도적인 유적을 둘러볼 수 있다. 지금의 룩소르는 나일강을 경계로 동서로 나뉘어져 한적하고 조용한 분위기를 풍기는 우리나라의 경주와 같은 느낌이 드는 도시이다.

이집트의 교통

● 철도 : 이집트 철도청에서 관장하며 총
연장 약 5천 km로 주요 도시와 연결되
어 있으나 카이로-알렉산드리아 구간 등
일부 구간을 제외하고는 권장할 만한 교
통수단이 되지 못하고 특히 남부 지역으
로의 육상 여행은 치안 차원에서라도 삼
가는 것이 바람직하다.

● 지하철 : 카이로 시내에는 총 연장 50여
킬로에 달하는 지하철이 운행 중이다. 1,
2호선(3호선 현 공사중)이 있으며, 역 명
칭이 영문 알파벳으로 표기되어 있어 초
행자의 경우에도 이용이 비교적 편리하
다. 열차의 첫 번째 및 두 번째 칸은 여
성 전용이고 요금은 0.75Pt(피아스터; 보
조화폐이며 1£E=100Pt)이다.

● 택시 : 호텔 앞에서 관광객 상대로 운행
하는 리무진과 '우그라' 라는 일반 택시
가 있으며 미터기가 부착되어 있으나 거
의 사용되지 않고 있다(이집트인의 경우
에도 동일). 특히 외국인의 경우에는 별
도 요금을 요구하는 경우가 많으므로 사
전에 미리 흥정이 필요하다.

● 버스 : 미니버스, 시내버스, 장거리 버스
등으로 구분된다. 시내버스는 요금(0.5£
E)은 싸지만 매우 혼잡하다. 미니버스는
일정 지역 구간을 운행하나 정해진 목적
지가 없으며 구간에 따라 요금이 차등
적용된다. 장거리 운행 버스는 카이로 시
내 타흐리르 광장 및 람세스 역에서 출
발, 알렉산드리아, 포트사이드, 시나이 반
도, 후르가다 등 주요 도시를 연결한다.

이집트에서 꼭 필요한 것

● 이집트 여행을 위해서는 자외선 차단 로
션과 모자는 필수품이다. 또한 새벽에 여
정을 출발하는 경우와 실내 에어컨에 강
할 때를 대비하여 보온용 긴팔 옷을 준
비해야 하고, 큰 호텔도 방에 슬리퍼가
없다는 사실을 고려해야 한다.

● 국제학생증(ISIC) 서비스는 국제적으로
학생임을 증명하여 각종 혜택을 받을 수
있도록 하는 서비스이다. 한국에서는
1996년에 설립되어 매년 수만 명의 학생
여행자들이 발급받고 있다. 여행 전 항공
권 할인, 숙소예약비 할인, 환전수수료
할인서비스, 선박여행 할인서비스부터 현
지에서 박물관, 미술관, 놀이공원 시설에
입장할 때 다양한 할인서비스를 받을 수
있다. 유효기간은 1년이며 수수료는
15,000원이다.

이집트는 서력으로 기념하는 고
정축제일과 이슬람 달력으로 기
념하는 이동축제일이 있다. 주요
관광지에서는 상관이 없으나 그
외의 지역에서는 상점이 모두 휴
업을 하므로 참고해야 한다.

룩소르 서안 : 투탕카멘의 무덤, 람세스 3세의 무덤, 핫셉슈트 여왕의 장제전
→ 룩소르 동안 : 카르나크 신전, 룩소르 박물관

왕가의 계곡 _{여섯째날}

                오전에 룩소르 서안을 먼저 관광하기

위하여 8시에 투어버스에 올라 서안으로 접어드니 가장 먼저 우리를 환영하

듯 맞이하는 웅장한 두 개의 로봇 석상이 앉아 있다. 이 두 개 석상의 높이는

23m로 무게만도 1,000톤에 이른다. 아메노피스 3세의 신전 입구에 있었으

나 현재는 신전은 사라지고 석상만 그 자리를 지키고 있다.

    프톨레마이오스 왕조에는 그리스 신전의 멤논의 것이라 하여 붙여진 이름

이 현재의 멤논의 거상Clossi of Memnon이다. 멤논의 거상은 로마 시대 지

진과 오랜 세월 속에 풍화작용으로 인한 균열이 생긴 석상 사이를 사막에서

불어온 거친 바람이 스치고 지나가며 소리를 냈다. 그 당시 사람들은 이 소리를 '노래하는 신상'이라 신기하게 여겼으나, 지금은 보수 공사가 끝나 멤논 거상의 노래 소리를 들을 수 없게 되어 섭섭했다. 특히 멤논의 거상을 보수하는 과정에서

두 개의 멤논 거상

돌조각을 모자이크처럼 붙여 놓아 마치 로봇 석상이 앉아 있는 것처럼 보인다. 멤논의 거상 정중앙에 서서 멋진 포즈로 사진 한 장을 찍고 왕가의 계곡으로 발길을 옮겼다.

왕가의 계곡 매표소에 도착하여 일반인은 요금 55£E에 티켓을 구입하면 한 장의 티켓으로 3곳의 무덤을 관람할 수 있으나 투탕카멘의 무덤만은 따로 45£E를 내고 티켓을 구입해야 관람이 가능했다. 매표소 앞에서 왕가의 계곡 입구까지는 5분 거리이지만 관광객들은 2£E를 내고 코끼리차를 이용하고 있다.

투탕카멘의 무덤 앞에 도착하자마자 골짜기에서 불어 몰려오는 회오리바람에 거친 모래가 얼굴을 때려 한동안 눈을 뜨기가 어려운 상황이었다. 제법 쌀쌀한 날씨에 움츠러든 몸동작이 자유롭지가 않다. 우리의 예고 없는 방문

에 파라오들이 막강한 권력으로 회오리바람을 불러일으킨 것은 아닌지!

　나무 한 그루 풀 한 포기 없는 황량한 돌산에 자리 잡고 있는 사자의 도시가 고대 이집트를 호령하던 파라오들의 무덤이다. 파라오들이 나일강 서쪽은 태양이 지는 곳으로 저승이 있다고 여겨 이곳에 묘지를 만들었다. 신왕국 파라오들이 도굴을 방지하기 위해서 피라미드 대신 외지고 황량한 돌산에 은신처로 암굴 분묘를 파서 만든 곳이 왕가의 계곡이다.

　그러나 파라오들의 염원과는 달리 대부분의 무덤이 도굴꾼에게 약탈당하고 이 가운데 유일하게 남은 것이 투탕카멘의 무덤이었다.

　왕가의 계곡에는 투탕카멘, 람세스 3세, 람세스 6세, 투트모스 3세 등 60여 개의 크고 작은 무덤이 있으나, 현재 공개되고 있는 것은 10여 곳 뿐이다.

　왕가의 계곡에서 여행자들이 제일 먼저 찾는 곳이 '투탕카멘의 무덤Tomb of Tutan-Khamun' 이다. 투탕카멘은 수도를 멤피스로 옮기고 자신의 이름을 '아켄 신이 생명을 주다' 라는 뜻의 '투탄카텐'에서 '아문 신'이 생명을 주다' 라는 뜻의 투탕카멘으로 고치고 아문 신 숭배를 부활시켰다.

투탕카멘은 열일곱 살에 세상을 떠나기까지 9년 간 이집트를 통치했는데 투탕카멘의 무덤은 1922년 왕가의 골짜기에서 영국인 고고학자 카터에 의해 뒤늦게 발굴되어 유명해졌다.

전실前室, 별실別室, 보고寶庫, 현실玄室 등 4개의 방으로 구성된 투탕카멘의 무덤에는 당시의 화려한 궁중예술과 뛰어난 기술을 보여주는 부장품들과 함께 110kg의 순금으로 겹겹이 둘러싸인 관이 발굴되었다.

그 속에 무게가 11kg이나 되는 황금가면을 쓴 투탕카멘의 미라가 놓여있었는데 미라의 시신 부검 결과 치명적인 뇌손상이 있었던 것으로 보아 암살에 의해 살해되었음을 추정케 한다고 했다. 무덤의 발굴로 세계인들의 관심을 끌었지만, 모든 유물은 카이로의 고고학 박물관 '투탕카멘 전시실'에 있고 이곳 빈 무덤방(현실)에는 벽화만이 방문자를 기다리고 있을 뿐이다.

아문 신

아문Amun(또는 Amon)은 '숨겨진 자' 라는 의미를 가지고 있다. 원래 테베의 지방신으로서 테베에서 행해진 아문Amun의 숭배의식이 이집트에서 큰 정치적 중요성을 띠고 일어나게 되었다. 그리하여 아문은 이집트 신왕국에서 하늘과 대지를 창조한 원시적인 신이자 창조신으로 여겨지게 되었다. 아문은 푸른 색의 피부와 턱수염난 머리나 휘어진 뿔을 가진 숫양의 머리를 한 인간의 모습으로 묘사되는가 하면 때론 두 개의 큰 깃털 모양의 왕관을 쓴 모습이기도 하다. 하지만 아문의 진짜 모습은 인간의 상상을 초월할 것이라 여겨진다.

꼬리가 길게 이어지는 관람객에 밀려 투탕카멘의 무덤에서 나와 그 아래쪽에 있는 람세스 6세의 무덤Tomb of Ramses Ⅵ을 보기 위해 이동했는데 이곳 역시 많은 사람들로 길게 줄을 서 있어 관람하기가 수월치 않다.

　다른 무덤에 비해서 규모는 작지만 통로 좌우 벽면에는 고대 상형문자와 아름다운 벽화로 꾸며져 있다. 특히 석관이 놓여 있는 현실 천장 벽화는 하늘의 신 누트가 태양의 배를 타고 있는 모습으로 두 개의 우주 반구체를 묘사한 유명한 그림이란다.

　왕가의 계곡에서 깊이가 105m에 달한 세티 1세의 무덤Tomb of Seti Ⅰ은 여러 개의 통로와 방의 벽과 천장을 장식한 천문과 신앙에 관한 벽화로 화려하게 꾸며져 있다.

　람세스 3세의 무덤Tomb of Ramses Ⅲ은 왕가의 계곡에서 가장 큰 무덤으로 일직선 통로를 지나 현실로 들어가면 붉은 화강암으로 만든 석관이 놓여 있다. 내부는 누비아인, 히타이트인, 조그마한 화분을 들고 있는 람세스 3세 등 온통 벽화로 채색되어 있으며 벽화의 손상을 막기 위하여 유리벽을 설치해 놓았다.

　왕가의 계곡은 여러 개의 무덤이 있지만 개방된 10여 개 중에서 일반 여행자들이 주로 찾는 4곳의 무덤을 관람했다. 비전문가로서 모든 것을 이해하기는 무리였고 다만 세계적인 유적지를 방문했다는데 의미를 두고 다음 관

핫셉슈트 여왕 신전의 벽화

핫셉슈트 여왕 신전의 훼손된 석상 부조

람지인 핫셉슈트Hatshebset 여왕의 장제전으로 향했다. 아침에 그렇게 서늘했던 날씨가 정오가 되면서 사막의 열기로 후끈 달아오른다.

장제전 매표소에 도착하여 티켓(21£E)을 끊어 입구로 들어가니 잡상인들의 끈질긴 괴롭힘이 심신의 피곤을 느끼게 하였다.

'핫셉슈트 여왕의 장제전'은 깎아지를 듯한 암벽으로 병풍을 두른 듯 주변 환경과 조화된 건축물로 관공서나 학교처럼 보인다.

독창적이고 웅장한 3층 테라스 식 신전으로 22개의 기둥에 의해 지탱되고 있는 1층 테라스 양쪽 끝에 오시리스 석상이 있으나 현재는 오른쪽만 남아 있다. 2층 테라스 벽면에는 핫셉슈트 왕비의 일대기와 주변국과 교역관계를 그림으로 남겨 놓았다. 그러나 이 신전은 핫셉슈트 여왕에 이어

핫셉슈트 장제전

왕위에 오른 투트모스 3세에 의해 많이 훼손되었다.

핫셉슈트 왕비는 남편인 투르모스 2세에 이어 왕위에 오른 어린 투트모스 3세를 대신하여 섭정을 하다가 스스로 여왕의 자리에 올랐다. 아마도 서자였던 투트모스 3세가 그녀의 통치기간에 많은 설움을 받다가 왕위에 오르자 핫셉슈트의 신전과 기록을 파괴했다고 전해진다.

3,500년의 긴 세월이 흘렀음에도 불구하고 잘 복원되어 몇 년 전에는 이곳에서 오페라 「아이다」가 공연되기도 했단다. 룩소르 시내로 돌아오는 길에 왕비의 계곡을 보려고 했으나 현재 복원 공사가 진행되고 있어 관람이 불가

했다.

파라오 중심의 역사에서 이집트 대중의 시대가 열렸던 곳은 바로 테베, 오늘날의 룩소르 일대이다. 3,500년 전 나일강 상류에 꽃피웠던 왕의 무덤과 신전의 도시 이집트에서 문명의 혼과 대중적 신화가 살아 숨 쉬는 룩소르를 뺀다면 이집트 방문은 별다른 의미를 갖지 못할 것이다.

오후에 룩소르 동안에 있는 이집트의 최대의 신전 카르나크 신전Karnak Temple을 찾아 나섰다. 룩소르 신전에서 북쪽으로 3km 지점에 위치한 40만 평 부지 위에 세워진 카르나크 신전은 상상을 초월한 이집트 최대의 야외 박물관이라 할 수 있다.

매표소에서 티켓(40£E)을 구입하여 입구로 들어가니 양옆으로 양의 머리를 한 스핑크스가 20개씩 도열되어 있다. 그 사이로 의장대 사열을 받는 기분으로 지나간다.

스핑크스 거리를 지나 널찍한 광장 중앙에는 원기둥이 서 있고 오른쪽으로 가면 람세스 3세가 아문 신에게 바

카르나크 신전 입구에 도열된 양 머리 스핑크스 상

카르나크 신전의 거대한 원형 열주

친 신전이 있다. 아몬 신은 원래는 작은 부락에 불과했던 테베의 지방신이었다. 그러나 중왕국 시대부터 테베가 발전하면서 태양신 라와 결합하여 이집트 최고 신의 자리에 올랐다. 고왕국 시대는 왕 자신이 신이었으나 신왕국 시대에 접어들면서 파라오는 아몬 신의 비호를 받는 존재로 되었다. 역대 파라오들은 경쟁을 하듯이 아몬 신을 위한 신전, 동상, 오벨리스크 등을 건립하였다. 완벽한 예술성과 웅장한 규모로 이방인을 압도하는 카르나크 대신전 앞에 할 말을 잃었다.

제 19왕조의 세티 1세와 람세스 2세가 세운 가로 102m, 세로 53m의 직사각형 카르나크 대신전의 하이라이트는 높이 23m와 15m인 두 종류의 대열주 134개가 늘어서 천장을 떠받치고 있는 광경이다. 채색의 아름다움이 희미한 빛을 발하는 원형 열주마다 정교한 파피루스 꽃문양과 아몬 신을 숭배하는 신왕국의 마지막 영광을 구가했던 람세스 2세의 업적과 이집트 신화가 상형문자로 기록되어 있다. 과연 이렇게 엄청난 대열주를 세워서 건축물을 만든 인간의 위대한 힘은 아몬 신의 도움이 없이는 불가능했으리라 여겨진다.

대열주 홀을 지나 아메노피스 3세가 만든 제 3관문으로 들어가면 우뚝 솟은 오벨리스크를 야자나무가 올려다보고 있다. 어느 가이드북에 카르나크 신전에 들어가면 풍뎅이 상을 찾아보라고 쓰여 있다. 보물을 찾듯 풍뎅이 상을 어렵게 찾아 네 바퀴를 돌면 처녀총각이 시집장가를, 다섯 바퀴를 돌면 소원이 이루어진다기에 여러 사람 틈바구니에 끼여 탑돌이 하듯이 미소를 지으며 돌아봤다.

그 당시에 '정선된 성스러운 땅' 카르나크의 40만 평 부지 위에 지어지고 없어진 신전의 숫자는 아무도 모른다. '100개의 관문

카르나크 신전의 전경

을 가진 거대한 도성'이었다는 호머의 표현으로 미루어 짐작할 뿐이다. 지금은 조각공원의 야외 박물관처럼 붕괴된 신전의 잔해가 여기저기 널려 있는 모습이다. 카르나크 신전도 아부 심벨처럼 복원 작업이 이루어져 세계적 문화유산으로 인류 후손들에게 물려지기를 기원하는 마음이다.

풍뎅이 상

카르나크 신전의 대열주 양식을 보면서 그리스의 아테네에 있는 파르테논 신전과 많은 유사점을 발견할 수가 있다. 파르테논 신전보다 천 년이나 앞서 세워졌던 카르나크 신전의 규모와 정교함이 오히려 돋보인다.

서구 문명의 뿌리를 로마와 그리스에 두려는 것은 검은 대륙 아프리카의 이집트나 동양의 오리엔트 문명과 단절을 시도했던 유럽인들의 오만에서 비롯된 것이다. 이집트와 그리스, 로마 문명 사이에 단순한 형태나 양식의 영향만이 나타나는 것은 물론 아니다.

미라와 파라오의 부활 사상은 그리스 신앙으로 연결되어 기독교의 부활 개념의 근원이 되었다. 그 외에도 이집트의 많은 신들은 이름을 바꾸고 옷을 갈아입어 그리스와 로마의 신으로 둔갑하였다. 너무나 인간적인 이집트의 신들은 인간 세상의 희로애락과 선악을 모두 표상하였다. 신들은 결혼하여 자식을 낳고, 질투하여 서로 죽이기도 한다. 심지어는 사랑에 빠져 미혼모의 갈등을 경험하기도 한다. 사랑의 여신 하토르는 아프로디테가 되고, 처녀의 몸으로 잉태한 네이트 여신은 그리스로 가서 아테네 여신이 되고 다시 성모 마리아로 되살아난다. 그러나 흰 것만이 최고라고 믿었던 유럽인들은 자신들의 가슴 속에 뜨겁게 흐르고 있는 이집트의 정신을 느낄 수가 없었다. 그리스의 파르테논은 지금 유네스코가 지정한 세계문화유산 제 1호이지만 카르나크의 의의와 존재를 아는 사람은 얼마나 될는지!

이집트 고대 유적지에서 펼쳐지는 '빛과 소리의 쇼'는 가장 성공한 문화적 이벤트 중의 하나이다. 전문가에게 철저한 고증을 거쳐 사전 준비와 실행에 있어 고도의 테크닉을 갖춘 뛰어난 수준의 쇼라 할 수 있다. 카르나크 신전은 밤이 되면 빛과 소리의 나이트쇼가 열린다. 쇼는 입구 부근, 제 2탑문 앞, 제 7탑문 앞, 그리고 성스러운 연못 등 광대한 신전 안을 빛과 소리로 안내하면서 진행된다. 매우 깊이 있는 은은한 소리와 밤하늘의 별빛과 조명이 같이 어우러져 낮에 보는 것과는 달리 환상적인 신전의 모습을 즐길 수 있다.

이집트의 주요 고대 유적지에서 한 밤에 펼쳐지는 '빛과 소리의 쇼'는 룩소르의 카르나크 이외도 기자의 피라미드와 아스완의 필레 신전, 아스완 남쪽의 아부 심벨 신전에서도 펼쳐진다. 단순한 조명을 비추는 수준이 아니라 장엄한 빛과 음향이 어우러지는 가운데 고대 이집트의 역사 속에서 거대한 테크닉의 예술과 과학이 만나는 장관을 연출한 것이다.

룩소르 박물관은 테베의 유적에서 출토된 것을 소장하기 위해 1975년에 개관했다. 총 전시품은 843품목으로 많지는 않지만 1, 2층으로 나누어 전시

아크나톤 상

되고 있으며 5,000년 이상 선왕조 시대부터 이슬람이 점령한 시대까지 약 3,000년에 이른다.

이곳은 아문 신을 버리고 유일한 태양신 아톤을 숭배하여 유대교에 영향을 미쳤다는 아케나톤 왕과 그의 왕비 네페르티티에 관한 유물이 많았다. 특히 볼만한 것은 입구 오른쪽에 시선을 끄는 적색 화강암의 아멘호테프 3세의 두상, 암소머리를 하고 있는 하토르의 두상, 아크나톤의 두상 등 보물급 수준이 많다. 박물관의 규모는 작지만 입상이나 좌상이 많고 보존 상태가 좋은 벽화도 많이 전시되어 있다. 카이로의 고고학 박물관보다 전시기법이 뛰어나고 조명시설도 잘 갖추어져 관광객이 안정된 분위기 속에서 관람할 수 있어 좋았다. 특히 박물관 직원의 설명과 사진도 찍어주는 친절도 고마웠다.

관람을 마치고 나오니 수십 대의 마차가 박물관 앞 도로에 일렬로 도열해 있다. 호객꾼들이 달려와 자기 마차를 타라고 값을 제시하며 흥정을 하다가 왜 자기 손님을 중간에 가로채 가느냐로 자기들끼리 싸움이 벌어진다. 마차로 한 시간 정도 룩소르 시내를 도는데 5£E(850원)이다. 이 돈을 벌기 위하여 동료 간에도 치열한 주먹다짐으로 생존경쟁을 벌이는 현실 앞에 내 자신을 되돌아보는 시간이 되기도 했다.

나일강 중류지역을 육상교통으로 자유롭게 여행하기에는 치안 상태가 좋은 것만은 아니다. 무슬림과 콥트 교도가 섞여 있는 지역이기 때문에 산발적인 테러사건이 발생하고 있다. 아부 심벨의 고대 유적지를 갈 때처럼 무장경찰의 삼엄한 에스코트를 받아야 여행이 가능한 지역이기도 하다. 이런 여건에서 룩소르의 빠듯한 여행일정에 다소 무리는 있었지만 나일강 중류 지역의 거대한 문화유적을 찾아서 부분적이나마 확인하고 감상할 수 있는 유익한 시간이었다.

배낭여행을 하다보면 낮에는 관광을 하고 주로 밤에 지역 간을 이동하면서 잠을 자는 경우가 많다. 이렇게 함으로써 시간과 경비를 절감하는 효과도 있다. 9시 20분 발, 카이로 행 야간열차에 올라 2등석 딱딱한 의자에 몸을 실었다. 그동안에 쌓였던 심신의 긴장이 풀리며 숙면 속에 기차는 북으로 계속 달려갔다.

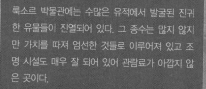

록소르 박물관에는 수많은 유적에서 발굴된 진귀
한 유물들이 진열되어 있다. 그 중수는 많지 않지
만 가치를 따져 엄선한 것들로 이루어져 있고 조
명 시설도 매우 잘 되어 있어 관람료가 아깝지 않
은 곳이다.

룩소르 → 카이로 : 칸 카릴리 시장, 나일강 유람선 디너쇼

이집트의 휴일 _{일곱째날}

꼬박 밤을 새워 9시간 10분을 달려온 기차는 아침 6시 30분경에 카이로에 도착하여 지난번 묵었던 썬 호텔에 짐을 풀고 오전에 잠시 휴식시간을 가졌다. 오후에는 내일 떠나기로 한 바하레이야 오아시스Bahariyya Oasis 사파리 교통편을 알아보려고 버스터미널을 찾아 나섰다. 항상 북적거리던 카이로 거리가 오늘따라 조용하고 한산한 느낌이 든다. 알고 보니 오늘이 금요일이라 이집트의 모든 관공서와 직장이 쉬는 날이었다. 대부분의 상가도 주말은 문을 닫지만 관광객을 상대로 영업을 하는 가게는 오전 11시가 넘어야 문을 열었다. 이집트는 이슬람 국가여서 금요

일과 토요일이 주말이고 일요일은 모든 직장이 출근하여 정상업무를 본다.

칸 카릴리 시장의 꼬마 악사

일행들의 성화로 칸 카릴리 시장에 있는 조르디 기념품 가게를 찾아 나섰다. 여행자들이 주로 구입하는 카르투시에 선물을 주어야 할 사람의 이름을 영문 이니셜로 새겨주는데 그 글자가 현대 영문자가 아닌 고대 상형문자로 새겨주는 기념품 몇 개를 골랐다. 장난삼아 아내에게 줄 선물로 'I love you'를 상형문자로 새겨 달라니 일행들이 자기들의 목에 걸어 달라며 껄껄대고 즐거운 한 때를 보냈다. 시장에는 이색적인 풍물로 노인이 서너 살 정도 되어 보이는 어린애와 전통악기를 같이 연주하여 구경꾼들로부터 박수갈채를 받는 모습이 귀엽다.

저녁에는 나일강 유람선에서 일몰의 신비로움과 환상적인 저녁노을을 바라보며 디너쇼를 즐긴다. 고대 이집트의 파라오들이나 즐겼을 법한 요리를 맛보고, 무희들의 현란한 동작에 숨죽이며 선상 디너쇼를 즐겼다. 분위기가 무르익자 디너쇼에 참가했던 관객들이 생음악에 맞추어 디스코로 자신들의 날씬한 몸매를 한껏 자랑하듯 뽐낸다. 청명한 밤하늘에 둥근 달이 떠올라 나일강변 높은 빌딩 사이로 오색찬란한 조명등과 어우러져 한 폭의 그림을 연출하니 그야말로 화려하고 더할 나위없는 아름다운 밤이었다.

바하레이야 사막투어 _{여덟째날}

작은 배낭에 침낭과 카메라, 세면도구를 챙겨 1박 2일 코스로 바하레이야 오아시스 사막 투어에 나선다. 큰 배낭은 선 호텔Sun Hotel에 보관시키고 이른 아침부터 타흐리르 광장에서 30분을 걸어서 투루고만 버스터미널에 도착하였다.

이곳 터미널에서 바하레이야로 가는 교통편이 하루에 세 편으로 07시, 08시, 18시에 출발한다. 07시에 출발하는 바하레이야 행 버스가 떠나려는 순간에 승차를 하게 되었다. 티켓은 으레 차내에서 끊을 수 있겠지 생각하고 빈 좌석이 많아 골라서 앉아 가는데, 중간 중간에 승객을 태우며 가다보니 초만

원 상태가 되었다. 갑자기 입석으로 가는 손님들 사이에 웅성거리며 큰소리로 우리 일행들과 시비가 붙었다. 우리 일행이 앉아 가는 좌석은 자기들이 예매해 놓은 좌석이라며 티켓의 좌석번호를 확인하자는 소동이었다.

카이로에서 버스로 40여 분을 달려 기자 버스터미널에 멈추는 순간 버스를 타고 가던 이집트인들이 모두 내려 버스회사 측에 환불을 요구하는 소동이 벌어졌다. 그러나 우리 일행은 끝까지 버스에서 요동도 하지 않고 밖의 상황이 어떻게 전개되는지 주시하고 있었다. 상황이 복잡하게 꼬여 현지 경찰까지 동원되어 사태를 수습하기에 이르렀다. 우리 일행은 무임승차로 왔기 때문에 버스에서 일단 내리고 이집트인들이 버스로 가는 것이다. 대신 경찰에서 책임지고 같은 버스요금으로 15인승 미니버스를 알선해서 좋은 바하레이야 사막투어가 되도록 도와주기로 했다.

우리 일행의 바하레이야 사막투어는 현지 경찰의 도움으로 오히려 전화위복이 되었다. 황량한 사막을 가로질러 황토 먼지를 일으키며 약 450km를 4시간 정도를 달려 바하레이야 관광의 전진기지인 바위티Bawiti 마을에 도착하였다.

인구 15,000명 정도가 옹기종기 모여 살고 있는 바위티 마을은 고대 이집트 시대부터 형성된 오랜 역사를 가진 오아시스 마을이다. 마을 중심가에는 은행, 우체국, 버스터미널도 있으며 교외로 조금 나가면 광천온천이 있고 서쪽 6km 지점엔 미라가 100구 이상 발견된 유적지도 있다.

바위티의 여행자 숙소

우리를 태우고 왔던 미니버스는 바위티 중심가에서 조금 떨어진 아흐마드 사파리 캠프 Ahmad Safari Camp에 내려준다. 이곳은 여행사를 겸한 호텔을 운영하고 있어 많은 배낭여행자들이 붐비고 있다. 일행들은 여행사 사무실로 들어가 바하레이야 사막투어를 안내

받고 1박 2일에 4식을 제공받는 조건으로 1인당 150£E 주기로 계약을 했다. 점심은 통닭 훈제 반 마리에 샐러드와 장국에 밥까지 푸짐하게 나왔는데 모두 얼마나 시장기가 들었는지 마파람에 게 눈 감추듯 해치웠다. 우리를 태우고 왔던 미니버스는 내일 다시 오기로 약속을 하고 카이로로 돌아갔다.

오후 3시가 넘어서야 사막투어용 랜드 크루즈에 분승하여 뒤로 하얀 먼지를 내뿜으며 사막을 거침없이 달려갔다. 좌측에는 철길이 우측에는 왕복 2차선 포장도로가 사막을 가로질러 끝없이 나란히 뻗어있다.

사막의 어느 광산에서 철광석을 채취하여 운반하려고 철길이 놓였고 포장도로는 여행자를 위한 관광도로라 여겨진다. 황토사막을 달리다보면 갑자기 온통 검은 모래 산이 나타난다. 이른바 흑사막으로 철광석이 다량으로 함유되어 있어 검게 보이는 것이다. 흑사막을 보면서 계속 전진하다 보면 마치

바하레이야의 흑사막

흰눈을 뒤집어 쓴 것 같은 백사막으로 접어든다. 황색의 고운 모래 위에 흰 석회석이 뒤덮여 있어 백사막이라 부르고 있었다. 부드러운 황색 모래 둔덕과 검고 흰 사막의 조화를 창조한 신 앞에서 벌어진 입을 다물 수가 없었다.

사막의 석양노을을 배경으로 멋진 작품사진 한 장을 기대하며 셔터를 누르고 어둠이 깔려오기 전에 바하레이야 사막투어의 백미라 할 수 있는 밀리언즈 스타 호텔을 찾아 나섰다. 지금까지 도로를 따라 주행하던 자동차가 길도 없는 사막으로 접어들어 기암괴석 사이를 지나며 버섯모양의 석회암 앞에 멈춘다. 이곳에 자동차를 바람막이 삼아 그 앞쪽에 텐트를 쳐서 밀리언즈 스타 호텔을 만들고 캠프파이어를 즐겼다.

밀리언즈 스타 호텔

　밀가루보다 더 고운 모래밭에 매트리스를 깔고 누어 별들로 수놓아진 밤하늘의 천체 우주 쇼를 보고 있다. 별들이 여기저기서 긴 꼬리를 그리며 어느 목표를 향해서 달려가는 모습이 마치 별들의 전쟁을 연상케 한다. 한낮에 그렇게 따가웠던 날씨가 밤이 깊어지면서 기온이 갑자기 뚝 떨어졌다. 이순이 넘는 나이에 별을 보고 아름다움을 노래하기엔 추위가 뼛속 깊숙이 파고들어 몸이 움츠려 들었다. 사막의 밤을 여름용 침낭으로 버티기에 체력의 한계를 느껴 타고 왔던 자동차 안으로 들어가 쪼그린 채로 자다 깨다를 반복하며 하룻밤을 보냈다.

밀리언즈 스타 호텔의 아침 ^{아홉째날}

지난밤 추위에 떨며 잠들어 있는 동안 에도 계속 되었을 별들의 전쟁은 일출로 막을 내렸지만, 그래도 중천에는 빛 바랜 둥근 달이 해님과 경쟁하듯 떠 있는 모습이 장관을 이루었다. 사막의 일출은 동해에서 보았던 것과는 또 다른 대자연의 장관을 유감없이 보여주 는 것 같다.

오랜 세월 동안 풍화작용으로 인한 절묘한 버섯 모양의 흰 석회석 바위 위 로 두둥실 떠있는 둥근 달이 가히 환상적이다. 갖가지 동물 형상으로 서 있 는 기암괴석의 흰 석회석 바위가 군락을 이루고 있는데, 저마다 햇빛에 반사

바하레이야 사막의 다양한 형상을 한 석회암 지대

되어 황홀하게 눈이 부시다. 이른 아침부터 어디론가 떠나는 아랍계 유목민 베두인족들이 이끄는 수십 마리의 낙타 행렬 모습이 한 폭의 그림처럼 보인다.

바위티로 돌아오는 길에 바하레이야 사막에서 풍광이 수려한 곳으로 알려진 지역에 잠시 멈춰 구경을 한다. 주변에 수많은 돔 모양의 석회암바위가 텐트촌을 이루고 있고 있어 텐트 가든이라 부르고, 버섯 모양의 석회암바위를 버섯 지역, 산 전체가 크리스털로 햇볕에 반짝이는 크리스털 마운틴, 암적색 국화꽃 모양이나 조개의 화석이 무수히 떨어진 운석을 플라워스톤이라 부르며 이곳을 여행하는 사람들이 기념으로 몇 개씩 주어가기도 한다. 개중에 너무 많이 주워가는 여행자도 있어 공항에 나가다 적발되면 많은 벌금을 내니 3개 이상은 줍지 말라고 기사가 한 마디 한다.

기자의 피라미드보다 규모는 작지만 흑사막에도 피라미드 마운틴과 블랙 마운틴도 있다. 관심을 가지고 사막을 다니다보면 돌 중에 절묘하게 생긴 괴석을 주어다 좌대에 앉히면 수석이 되는데 이곳 사막에서 나온 명품 수석이 우리나라에도 있다고 한다.

사막의 볼거리는 흑사막보다 백사막의 높이 5m 정도의 석회암 거석이 동물이나 버섯모양으로 늘어서 그야말로 환상적이다.

바하레이야 오아시스와 흑사막 사이에 펼쳐진 작은 오아시스들 주변에는 작은 마을들이 형성되어 있다. 마을 안에는 광천온천을 개발되어 있고 오아시스의 때묻지 않는 소박한 생활 풍경을 엿볼 수 있어 사막 여행자들이 들르는 코스이기도 하였다. 척박한 사막의 석회암바위도 자연의 풍화작용으로 신비한 자태를 드러내 최근에 많은 여행자들이 찾아온 데 힘입어 관광지로 개발되고 있었다.

오후 1시 30분에 아흐마드 사파리 캠프로 귀환하여 때늦은 점심을 즐겼다. 아름다운 사막의 추억을 마음속에 담아 카이로에 돌아옴으로써 1박 2일의 바하레이야 사막 투어가 마무리되어 사실상 이집트 여행의 모든 일정이 끝나게 되었다.

사막 투어를 떠나기 전에 며칠 간 묵었던 썬 호텔에서 오늘부터 한국의 기독교청년단 75명이 들어오기로 예약되어 있기 때문에 다른 곳으로 숙소를 옮겨 달란다. 타흐리르 광장 주변의 숙소를 알아보지만 대부분 한국의 단체 손님으로 예약되어 방을 구하기가 쉽지 않아 시설이 조금 좋은 호텔(30US$)에서 카이로의 마지막 밤을 보내게 되었다.

카이로에서 만난 영국에서 온 여행자는 '이집트는 한국에서 온 여행자가 개방과 변화를 주도하고 있다'라고 농담처럼 이야기한다. 지금 지중해 쪽은 겨울철 관광 비수기로 한국인 여행자를 제외하고는 거의 외국 여행자들을 만나기가 쉽지 않다.

다음 여행지인 그리스 아테네로 가려고 며칠 전부터 항공권을 예약했으나 좌석이 없어 대기자 명단에 올려놓고 기다리고 있는 상태였다. 카이로에 도착하자마자 여행사로 찾아가 항공권 예매 결과를 확인하니 10명은 그리스 국적 올림픽 항공편으로 카이로에서 아테네까지 논스톱으로 가고, 15명은 터키항공으로 이스탄불을 경유하여 아테네로 가는 티켓이었다.

일행들 간에 논스톱으로 가든, 이스탄불을 경유해서 가든 항공료는 합산해서 1/n로 하기로 하고, 논스톱으로 갈 사람을 제비뽑기로 선정했단다. 25명의 배낭여행 팀이 티켓 예매 없이 동시에 육해공로의 교통수단을 이용하기는 절대로 쉬운 일이 아니었다. 그러나 이번 여행에서 우리 일행은 불가능을 가능한 일로 만들며 배낭여행의 진수를 만끽하면서 전진하고 있다. 사막여행 중 현지인이 버스에서 내려 농성하고 경찰이 동원되어 미니버스를 내주는 등 배낭여행을 하다보면 이런 웃지 못할 추억거리가 많이 생긴다.

이것만은 알아두고 주의하자!

● 이집트의 일상생활은 양력에 따르고 있으나, 이슬람 국가이므로 휴일은 금요일이며 일주일은 토요일부터 시작된다. 관공서 및 공공기관의 업무시간은 통상 오전 8시부터 오후 2시까지이며, 휴일인 금요일에는 은행이나 관청, 학교 등 대부분 관공서가 쉰다.

● 이집트는 개방된 이슬람 국가이지만 아직까지 지방에서는 많은 여성들이 차도르를 사용하여 얼굴을 감추고 몸의 노출을 꺼리는 실정임을 감안, 사진을 촬영할 때나 대화할 때 신중해야 한다.

무슬림은 1일 5회 예배를 드리는데 예배 중인 사람을 방해하는 것은 실례이며, 이슬람교의 금식기간인 라마단 기간(약 1개월) 중에는 외국인도 대낮에 공공장소에서 담배를 피거나 술을 마시거나 하는 행동은 자제하는 것이 바람직하다. 여행 중에 이슬람교를 비난하는 행동이나 언사를 하지 말아야 하며 날고기나 돼지고기를 공공장소에서 먹지 않도록 한다.

> 이집트는 아라비아 숫자가 아
> 닌 아랍어 숫자를 사용하므로
> 1에서 9까지의 아랍어 숫자를
> 알아가지고 가는 것이 편리하
> 다. 아랍어는 보통 오른쪽에
> 서 왼쪽 방향으로 읽는데, 숫
> 자는 왼쪽에서 오른쪽 방향으
> 로 읽는다.

이집트의 기후와 여행

● 이집트를 여행하기에 가장 좋은 시기는
10월에서 2월까지 정도이다. 아프리카
사막지대에 위치했기 때문에 더운 여름
보다 오히려 겨울철이 우리나라의 가을
날씨와 비슷하므로 여행하기에 적당하다.
그러나 남부지역(아스완, 룩소르)은 겨울
에도 무더운 여름 날씨이다.

● 이집트는 낮과 밤의 기온차가 심하므로
감기약을 준비하는 것이 안전하며 풍토
병은 없으나 나일강물을 직접 접촉하였
을 경우 오줌에 피가 섞여 나오는 '빌하
르지아' 병에 걸릴 수가 있다. '다이스토
씨드' 라는 약을 복용하면 바로 치료할
수 있다.

● 사막 사파리의 경우는 1월에서 3월 사이
가 가장 좋으며 지프를 이용한다. 낙타를
타고 싶으면 피라미드 지구나 시나이 산
을 등반할 때 잠시 이용하는 것이 좋다.
낙타를 타고 사막을 횡단하는 길은 베두
윈들이나 과거 카라반들이 무역을 위해
오갔던 경로였지만 그 길은 수백 년 전
에 이미 사라졌으며 지금은 쓸쓸한 터만
남아 있다.

항공예약 재확인

항공사에 따라 비행기 예약 재확인(리컨펌)
을 출발 72시간 전까지 할 것을 요구하는
경우가 있다.

소지한 항공권이 리컨펌이 필요한 것인지
한국에서 구입할 때 확인하여 필요한 경우
현지 항공사의 위치와 연락처를 메모해 두
는 게 편하다. 리컨펌은 각 항공사의 지점에
가서 씰seal을 붙이는 등의 증거를 남기는
것이 가장 확실하다. 전화로 확인하는 경우
도 있으니 만약을 생각하여 담당자의 이름
을 확인해 두는 것이 좋다.

인간과 신이 교감하는 나라
그리스

기원전 6세기에 이미 민주정치가 행해진 곳, 소크라테스가 철학을 말하고, 플라톤이 책을 만들고 아리스토텔레스가 강의를 한 철인(哲人)의 나라! 신(神)과 인간이 공존하던, 그래서 돌멩이 하나도 신화를 품고 있을 것만 같은 나라! 드디어 이곳 그리스에 발을 들였다.

- 국명 : 그리스 공화국(Hellenic Republic)
- 수도 : 아테네(Athens)
- 인종 : 그리스인, 터키인
- 종교 : 그리스정교, 이슬람교
- 언어 : 그리스어, 영어
- 시차 : 대한민국 – 7시간
- 기후 : 지중해성 기후

GREECE

진정으로 무엇인가를 발견하는 여행은 새로운 풍경을 바라보는 것이 아니라
새로운 눈을 가지는 것이다.

마르셀 프루스트

GREECE
Map

마케도니아
MACEDONIA

알바니아
ALBANIA

Greece

터키
TURKEY

오니아해

열째날 열하루째날

아테네
ATHENS

열여섯째날

열둘째날

산토리니(티라)섬   열다섯째날
Santorin(Thira)

지중해   열셋 째 날   이라클리온
                                    Iraklion

크레타섬
Crete   아기오스 니콜라오스   열넷째 날
                    Agios Nikolaos

열째날 이집트; 카이로 → 그리스; 아테네 열하루째날 아테네 열둘째날 아테네 → 크레타 섬
이라클리온 열셋째날 크레타 섬 이라클리온 열넷째날 크레타 섬 레팀노, 아기오스 니콜라우
스 → 산토리니 열다섯째날 산토리니 열여섯째날 산토리니 → 아테네

그리스의 수도, 아테네^{열째날}

그리스 수도, 아테네Athens로 가기 위해 카이로 국제공항에 정해진 시간에 집결했다. 아테네 논스톱 팀과 이스탄불 경유 팀의 항공 출발 시간이 같은 8시간대로 짐을 붙이며 보딩패스를 받고 출국 심사대를 통과하는 과정에서 입국 때처럼 3명이 사무실로 불려갔다. 멀쩡한 여권을 위조 여권인 것처럼 트집을 잡으면 부수입이 생기는지 시간을 끌어본다. 그러나 너희 마음대로 하라는 식으로 당당하게 나가면 그들도 어쩔 수 없이 들여보내지만 초보 여행자의 경우 당황해서 이런 수법에 당하는 경우가 있다.

카이로를 이륙한 비행기는 예정시간에 이스탄불에 도착하여 우리 일행들은 아테네로 가는 트랜스퍼로 갔다. 그러나 항공권에 6명만 좌석이 있고 나머지 9명은 넘치게 예약을 받은 것으로 트랜스퍼에서 웨이팅 상태가 되었다. 불행히도 여행 경험이 부족하거나 어린 아이들이 웨이팅에 걸려 문제가 심각했다. 초조하고 불안해서 눈물을 보이는 사람이 있는가 하면 여행사에 강력히 항의를 하는 사람도 있었다. 여행사의 대답인즉 터키는 무비자 국가이니 웨이팅을 걸어놓고 이스탄불 시내를 구경하다 아테네로 가라고 했단다. 나는 항공권이 오픈된 상태로 주로 배낭여행을 많이 했기 때문에 충분히 그럴 수 있다고 이해가 되었지만 초보자들은 여행사의 이런 처사에 크게 분노했다.

결국 우리 일행은 트랜스퍼에서 터키 항공사측에 강력히 항의하여 15명이 동시 탑승할 수 있도록 해달라며 환승장 바닥에 앉거나 누워버렸다. 이런 우여곡절 끝에 15명 전원이 예정된 비행기에 탑승하여 아테네 국제공항에 도착하였다.

직항로로 먼저 왔던 일행과 공항에서 합류하여 익스프레스 버스에 올라 30km정도 떨어져 있는 아테네 중심 신타그마Syntagma 광장에 도착하였다. 배낭여행자들이 주로 찾는 값이 저렴한 호텔이나 유스호스텔이 밀집된 오모니아Omonia 광장주변으로 이동하려고 아테네의 대중 교통수단인 트롤리(무궤도전차)를 탔다. 트롤리는 도로 위의 가공선架空線에서 트롤리에 집전하여 전동기로 주행하는 버스로 차체는 일반 버스와 비슷하지만 타이어로 주행하므로 노면철도에 비해 소음이 적었다.

신타그마 광장에서 오모니아 광장까지는 10분 정도 걸렸을까. 오모니아 광장에 도착하여 로짜니 호텔Lozanni Hotel에 숙소를 정한 다음 민생고를 해결하려고 오모니아 광장으로 나왔다. 아테네에서 가장 오래된 광장이자 패션의 거리로 다양한 세계적인 패스트푸드점이 몰려 있다. 그리스 음식은 올리브 기름을 많이 사용하고 짠 치즈가 양념처럼 들어간 것이 특징인데 입이 까다로운 사람이 먹기에는 약간 느끼하며 고역스럽다. 하지만 여행하는 나라의 전통음식을 맛보는 것도 여행의 일부인데 음식이 입맛에 맞지 않다고 한국 음식점만 찾아다니는 것은 잘못된 여행이라고 생각한다.

그리스의 가장 대표적인 대중 음식은 '수블라끼' 라는 요리이다. 양고기, 닭고기, 돼지고기를 꼬챙이에 꽂아 향신료를 바르고 숯불에 구워 포도주에 곁들여 먹는 것으로 최근에 서울 압구정동에도 개업하여 손님이 많다고 들었다. '무사카' 는 감자와 기계로 저민 고기를 올리브기름을 발라 구운 것이다. '그릭 샐러드' 는 토마토, 양파, 오이, 치즈, 양상추 등에 올리브기름으로 섞은 것인데 내 입은 전천후이기 때문에 이것저것 다 먹을 수 있었다. 특히 체인점 레스토랑인 '네온' 은 패밀리 레스토랑의 분위기를 풍기면서 그리스 전통음식 뿐만 아니라 서구식 음식도 맛볼 수 있어 선택의 폭이 넓은 편이다.

오후 3시경 고고학 박물관이나 파르테논 신전을 관람하기에는 시간상으로 너무 늦어 아크로폴리스 북서쪽에 있는 고대 그리스 유적지 아고라Agora를 찾아 나섰다. 아고라란 '산장이 있는 광장이나 시장'을 뜻하는 말이다. B.C. 6세기경부터 건물과 신전이 들어서고, 광장 주변에는 노점상이 모여 시장이 서기도 했던 곳이다. 그 뿐만 아니라 정치가와 철학자, 예술가들이 담론하던 사교장으로 정보를 얻던 곳이기도 했단다.

스토아 학파의 시조 제논과, '너 자신을 알라'는 소크라테스의 철학도 이 광장에서 사색하고 생겨났다. 지금은 그 옛날의 영광은 어디로 갔는지 아고라의 폐허의 잔해만 남아 있으며 헤파이스토스 신전과 아탈로스 스토아만 복원되어 있다. 아고라의 서북쪽 언덕 위에 있는 헤파이스토스 신전은 파르테논 신전에 비하면 규모나 예술성은 떨어지지만 그리스 신전 중에서 보존상태가 양호한 도리아 양식 신전이다. B.C. 3세기경 이민족의 침입으로 파괴된 것을 1966년에 원형그대로 복원하여 지금은 아고라 박물관으로 사용하

아고라

고 있다. 특히 아그리파 음악당은 아고라에서 가장 큰 2층의 건물로 축조되었으나 파괴되어 4세기에 들어와 그 자리에 체육관이 세워졌고 지금은 대학 건물로 사용하고 있단다.

신타그마 광장과 아크로폴리스는 아고라를 연결하는 삼각지대로 아테네

신타그마 광장의 악사

의 몽마르트 플라카Plaka의 구시가지 지역을 말한다. 좁은 골목이 미로처럼 나있고 오래된 구옥들이 많아 독특한 분위기를 연출해 내는 관광지이다. 플라카 중심지 키다티네온Kydathineon 거리에는 기념품, 액세서리, 귀금속, 토산품, 가죽제품을 파는 점포들과 레스토랑, 타베르나(카페)가 밀집되어 있다. 밤이 되면 시장은 활기를 띠기 시작한다. 선술집 풍의 레스토랑이 있는 타베르나에서 밤늦은 시간까지 요리와 와인을 즐긴다. '부주키Bouzouki' 라는 악기로 연주하는 그리스 연가를 들으며 '시루다키' 라는 민속무용까지 보면서 여행의 누적된 피로를 풀었다.

그리스 사람들은 남녀노소 할 것 없이 밤 문화를 즐기러 플라카 거리로 몰려와 타베르나에서 이야기를 나누며 하루의 피로를 푸는 것 같다. 타베르나는 촛불이나 오색등으로 장식되어 있고 악사들은 손님을 위해 연주하고 꽃 파는 아가씨는 미소와 함께 꽃을 안겨주는 아름다운 밤이다.

그리스 비자와 입국

그리스에 입국할 때에는 입국카드를 작성하지 않아도 된다. 만약 센겐 협정 가맹국을 통해 입국할 때에는 맨 처음 도착했던 가맹국에서 반드시 입국 도장을 받아야 한다. 그리스를 포함해 센겐 협정 가맹국에 머물러 있는 기간이 3개월 이내라면 비자가 필요 없지만, 3개월 이상이라면 그리스 대사관에서 비자를 받아야 한다.

센겐 협정 가맹국

EC 12개 회원국 사이에 국경을 폐지하여 통관·경찰·이민정책을 단일화하기 위해 1985년 룩셈부르크 센겐(Shengen)에서 센겐 협정을 체결했다. 이 협정에 가입한 나라끼리는 국가 간 이동이 국내이동과 같이 여겨진다. 2007년 7월 현재 센겐 협정 가맹국은 룩셈부르크, 포르투갈, 벨기에, 프랑스, 핀란드, 노르웨이, 독일, 덴마크, 스페인, 스웨덴, 그리스, 아이슬란드이다.

그리스 통화와 환전, 신용카드

그리스에는 US\$ 혹은 유로화(€)를 가지고 가는 것이 좋다. 그리스에 입국하여 US\$는 그리스 내의 은행이나 전화국, 호텔 등에서 유로화로 환전할 수 있다. 24시간 자동환전기 National Bank of Greece가 곳곳에 설치되어 있어 편하게 환전할 수 있다. 그리스는 다른 유럽 나라들에 비해 신용카드를 쓸 수 있는 곳이 드무니 참고하자.

아테네의 하루 _{열하루째날}

　　　　　　　고대 그리스 도시국가의 맹주로서 황금기를
누렸던 아테네는 지금도 도시 곳곳에 그 당시의 유적이 많이 남아 있고, 중
심가에는 현대적인 고층빌딩이 줄지어 서 있다. 그런가 하면 시내 곳곳에는
중세의 비잔틴 건물도 남아 있어 고대와 중세 그리고 현대가 조화롭게 공존
하고 있음을 볼 수 있다.

　이른 아침부터 서둘러 오모니아 광장에서 도보로 10분 거리에 있는 국립
고고학 박물관을 찾아 나섰다. 박물관 전면에는 인도를 제외하고는 잔디를
깔아 산뜻하게 조경이 잘 되어 있어 공원 안에 박물관이 있는 것처럼 보인

다. 박물관 개관 시간이 계절과 요일에 따라 다르며 관람료도 일요일에는 무료입장이지만 평일에는 어른 12€(유로), 학생은 6€를 받고 있었다. 세계에서 가장 뛰어난 고대 그리스 미술품을 소장하고 있는 박물관으로 알려져, 평소 미술에 관심이 많은 나로서는 명화를 볼 수 있는 절호의 기회로 생각되었다.

1889년에 완성된 박물관에는 신석기 시대부터 비잔틴 시대에 이르는 그리스 각 지역에서 출토된 대리석 조각품, 청동제품, 장신구, 도자기, 벽화 등을 전시해 놓고 있다. 주로 미케네에서 헬레니즘 시대에 만들어진 유물들을 많이 소장하고 있다.

그리스 문명이 유럽 문명의 뿌리임을 입증할 많은 유물들이 박물관에 소장되어 있으나 비전문가로서 유물 하나하나의 내용과 의미를 알 수는 없다. 그러나 책을 통해서 많이 알려진 유물 앞에서 가이드북을 펴들고 읽어가며 사진도 촬영하고 일행들과 의견을 나누어 보기도 하였다.

국립고고학 박물관에 소장된 조각상 대부분이 그리스 신화에 등장한 12신상을 중심으로 한 작품이 많아 신화를 재현해 놓은 듯했다. 박물관에 전시된 수많은 작품 중 어느 것 하나 소중하지 않은 작품이 없지만, 그래도 책에 많이 소개된 작품을 위주로 살펴볼 수밖에 없었다.

또한 대부분이 신화에 나오는 보물들로 19세기 슐리만에 의해 미케네에서 발견된 황금 마스크, 컵, 접시, 보석 등도 있다. 또한 제우스, 아폴로 상 등 그리스 섬에서 발견된 조각상들과 수공예 꽃병이 전시되어 있다.

1층에는 선사 시대~비잔틴 시대의 장신구, 신전의 조각과 부조 등이 전시

그리스 국립 고고학 박물관 소장품들

되어 있고, 2층에는 도기와 최근에 산토리니 섬에서 발견된 3,500년 전의
프레스코 벽화가 추가로 전시되어 있다. 모든 유물들이 시대 순으로 전시되
어 관람하는 데 도움을 주지만 제대로 감상하려면 하루는 모자랄 것 같다.

　고대 그리스의 대리석 조각품들은 그리스 신화에 등장한 수많은 신과 영웅

호걸들이 있지만, 그 중에서 가장 눈에 띄는 것은 '올림포스 12신'을 조각으로 재현해 놓은 것이다. 조각품 하나하나가 예술성과 기술로 만들어져 주름 잡힌 옷자락의 곡선처리가 신기에 가깝다. 워낙 많은 유물들이 전시되어 있어 다 설명하기는 어렵고 가장 중요한 작품 몇 점을 소개해 본다.

중앙 입구를 통해 안으로 들어가면 미케네 시대의 유물이 전시된 4 전시실(미케네 룸)이다. 4 전시실에는 미케네의 원형무덤에서 발굴한 슐리만의 아가멤논으로 알려진 '장례황금 마스크'가 전시되어 관람객들의 조명을 많이 받는다.

장례황금 마스크

하인리히 슐리만

하인리히 슐리만Schliemann, Heinrich(1822.1.6~1890.12.26)은 미케네 문명과 트로이 문명의 발견자로 알려져 있다. 북독일 메클렌부르크 노이부코 출생. 가난한 목사의 아들로 태어나 호메로스의 이야기를 진실로 믿고 트로이전쟁의 사실을 발굴, 확인하는 것이 꿈이었다. 1864년 러시아로 이주하고 인도남印度藍 장사를 하여 거부가 되자, 1866년 파리로 이주하여 고대사 연구에 착수하였고, 1868년 이타카 섬과 트로이를 답사하였다. 1870~1873년 아나톨리아 히사를리크 언덕의 대규모 발굴작업을 통해 그것이 트로이 유지遺趾라는 것을 증명함으로써 전세계에 충격을 주었다. 주요저서로는 「고대 트로이」(1874), 「미케네」(1878), 「일리오스」(1881) 등이 있다.

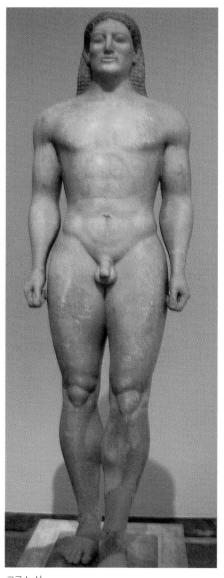

크로스 상

6 전시실(키클라데스의 룸)의 중요한 작품은 키클라데스의 대리석 조각품으로 '하프를 연주하는 악사The harp player'와 '플루트를 부는 인물상'이다. 1884년 케로스 섬에서 발굴된 것으로 고급스런 의자에 앉은 자세로 하프를 연주하는 악사의 두 손은 부러져 있지만 남성상의 전형적인 모습이다.

7 전시실에는 '디피론의 암프라'라 불리는 황색 바탕에 밤색 광택의 눈부신 아름다운 도자기의 표면의 무늬를 기하학적으로 배열하여 완벽한 조형미를 나타내고 있다.

9에서 14 전시실까지는 수많은 '크로스상The kouros'이 발전 순서대로 전시되어 있다. 크로스(청년)상은 조각 기술과 표현의 방법의 변화와 시대에 따른 남성의 이상적인 모습을 엿볼 수 있다. 대부분 묘상이나 기념 표시로 만들어졌으며, 초기의 형태는 넓은 어깨와 가는 허리의 몸매에 왼쪽 다리를 앞으로 내밀고 주먹을 쥔 양팔을 몸 옆에 붙인 채 똑바로 선 모습이다.

포세이돈 청동상

아르고스 조각가인 폴리클레이토스가 제작한 유명한 고대 로마인의 복제본으로 B.C. 0년 경에 델로스에서 발견한 '디아누메노스상The Diadoumenos'은 젊은 운동선수가 머리띠를 매고 있는 모습을 묘사한 것이다.

15 전시실은 포세이돈 룸으로 박물관의 최고의 걸작으로 손꼽히는 '포세이돈의 청동상The Poseidon of Artemision'이 전시되어 있다. 바다의 신 포세이돈이 두 손을 양쪽으로 넓게 벌리고 삼지창을 휘두르는 장면을 묘사한 것으로 B.C. 60년 경에 만들어진 조각가 칼라미스의 작품이다. 이 작품은 1926년 유보에와 북쪽 아르테미션 해저에서 우연히 다이버에 의해 발굴된 높이 2.09m의 청동상으로 균형 잡힌 근육질의 체격과 잘 다듬어진 수염과 머리, 근엄한 표정이 사실적으로 잘 표현되어 있다.

15 전시실의 또 다른 유명한 작품인 '엘레우시스의 부조The relief from

말을 탄 소년상

Eleusis'는 B.C. 440~430년에 만들어진 것으로, 고대 아티카의 엘레우시스인들의 시조를 묘사한 것이다. 오른편에 페르소포네(지옥의 여왕)가 햇불을 들고 있고, 왼편에는 데메테르(수확의 여신)가 곡식의 경작법을 알려주기 위해 보리이삭을 어린 트립톨레모스(그리스 신화에 농업을 전파한 인물)에게 주고 있다.

21 전시실의 디아누메노스의 룸 입구에 있는 '말을 탄 소년상The jockey of Artemi-sion'은 왼손으로 고삐를 잡고, 오른손으로 채찍질을 하며 두 발을 치켜든 채 달려가는 말의 약동감과 말 위에 탄 소년의 긴장한 표정이 조화를 이루고 있다.

포세이돈의 청동상과 마찬가지로 아르테미션 해저에서 발굴된 청동상으로 그리스 예술품 중에서 가장 아름답기로 손꼽히는 작품이란다.

28 전시실에서 가장 중요한 작품은 '안티키테라의 청년상The youth from Antiky-thera'으로 B.C. 4세기에 만들어진 대형 청동상이다. 젊은 청년이나 신, 또는 영웅의 조각상으로 보이며 오른손을 뻗어 무엇인가를 움켜쥐려는 듯한 포즈를 취한 청년상은 뼈와 근육이 사실적으로 잘 표현되어 있다.

이 조각상은 B.C. 340년에 유명한 조각가 유프라노르의 작품으로 알려져 있다. 1900년에 안티키테라의 바다에서 망가진 모습으로 다이버에 의해 발견되어 프랑스의 조각가 앙드레에 의해 복원된 박물관 대표작 중 하나이다.

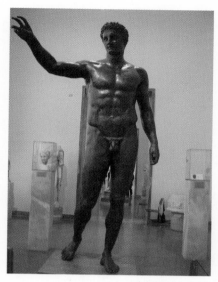

안티키테라의 청년상

30 전시실은 헬레니즘 시대의 작품실로 '아프로디테와 판의 군상Group of Aphrodite and pan'은 미의 여신 아프로디테를 묘사한 대리석상이다. 발과 귀, 뿔이 산양의 형상인 판이 벌거벗은 아프로디테를 포옹하려 하자 놀란 아프로디테가 샌들을 벗어 판을 위협하는 모습이다.

여신의 어깨에서 날아간 귀여운 에로스가 판의 뿔을 잡고 흔드는 모습을 묘사한 조각으로 1904년에 딜로스 섬에서 출토된 대리석 상이

아프로디테와 판의 군상

벌거벗은 레슬러 상

다. 지금까지도 완벽한 모습으로 보존되어 있으니 참으로 놀라운 일이다.

37 전시실의 '마라톤 소년상 The boy from Marathon'은 1926년 마라톤 해안에서 발견되었으며, 소년의 눈이 유리 눈동자에 석회석으로 되어 있고 젖꼭지에는 동을 사용했다. 이 소년은 헤르메스 신을 묘사한 것으로 고대의 유명한 조각가 프락시텔리스가 B.C. 325~300년 경에 제작하였다.

그리고 아크로폴리스에서 발견한 '벌거벗은 레슬러상Naked Wrestler'은 왼발을 약간 앞으로 내밀고 있는 크로스 상 형태로 왼팔이 몸으로부터 떨어져 있다. 이외의 크고 작은 청동상들이 많이 전시되어 있다.

약 4시간에 걸쳐 박물관 관람을 마치고 오모니아 광장에 있는 맥도날드에

아크로폴리스의 입구

서 샌드위치로 점심을 먹으며 잠시 휴식시간을 가졌다. 오후에는 아테네 시내 한복판 산언덕 위에 있는 아크로폴리스 Acropolis로 향했다. 어제 들렀던 아고라 유적지에서 20여분 정도 비탈진 언덕길을 올라 고개를 넘으니 폴리스Polis(작은 언덕)가 나왔다. 'Akros(높은)' 라는 수식어를 앞에 붙여 아크

아크로폴리스

이미 미케네 시대부터 중요한 거점이었고, 페이시스트라토스 · 페리클레스 시대에 파르테논 등의 신전과 현문玄門이 세워졌으며 언덕이 미화되어 아테네의 영광의 상징이 되었다. 그 후 로마와 터키인 등의 지배를 받은 시대에는 언덕이 고쳐지거나 강화되기도 하였다. 19세기에는 중세 이후에 고쳐진 부분은 제거되고 언덕의 발굴도 행하여졌다. 1987년 유네스코 지정 세계문화유산 목록이 되었다.

로폴리스(높은 곳에 위치한 도시국가)로 부르게 된 것이다. 아크로폴리스는 동남북 3면이 가파른 높은 절벽으로 되어 있고 서쪽은 올라가는 입구이다. 매표소에서 티켓(어른 12€, 학생은 6€)을 구입하고 니케 신전으로 올라가도록 되어 있는데, 그곳의 대리석 계단은 급경사로 조심해서 올라가야 했다.

그리스의 상징적인 유적지이자 서양세계의 가장 중요한 고대 기념물이 있는 아크로폴리스 정상에는 파르테논Parthenon 신전을 비롯하여 에레크테이온Erech-theion 신전, 니케Nike 신전 등 수많은 신전들이 2,500년의 역사를 간직한 채 말없이 서 있다. 고대 그리스시대에는 올림포스 신들에게 제사를 지내던 성역으로 지도층 인사들도 출입이 제한되었던 곳이란다.

B.C. 6세기가 되어 사람들이 아크로폴리스에 살기 시작하였고, B.C. 510년에 델피신탁Delphic Oracle으로 신의 영역이 선포되었다. 최초의 신전들이 미케네 문명 시대에 여신 아테나에 대한 숭배로 건축되기 시작하였다.

그러나 아크로폴리스의 모든 신전들이 B.C. 480년 살라미스 해전으로 페르시아인들에 의해 파괴되었다. 페리클레스가 아크로폴리스를 재건하여 신전의 도시로 만듦으로써 고대 시대에 그리스인들의 황금기가 그 절정을 이루었다.

이후 아크로폴리스의 기념비들은 아테네의 역사와 함께 수난을 당하게 되었다. 로마와 터키의 지배를 받으면서 신전 중 일부는 크리스트 교회로 사용되기도 했고, 프랑크족이나 터키인들의 집으로 사용되기도 했다.

이민족들이 점령하고 있을 동안에도 많이 파괴되었으며 외국 고고학자들

의 절도행위, 독립하면서 보수작업이 제대로 이루어지지 않은 데다 방문객
의 낙서, 지진 등으로 많은 피해를 입었다.

　1687년, 터키의 공격으로 아크로폴리스가 폭파되어 모든 신전이 소실되었
다. 그 후 그리스가 터키로부터 자유로워지고 아크로폴리스는 세계 문화 유
산으로 지정되었다. 신생 그리스 정부의 첫 번째 과제로 아크로폴리스 복원
작업이 시작되었으며 지금도 복원작업은 계속 진행되고 있다. 그러나 최근
산업화와 환경오염으로 인한 산성비가 아크로폴리스를 부식시키고 있단다.

　아테네를 방문한 여행객이 반드시 들르는 곳, 아크로폴리스 최대의 신전

파르테논Parthenon 신전의 '파르테논'은 '처녀의 집'이라는 뜻이다. 이 신전은 고대 그리스 문명과 간소하고 웅장한 기둥머리 장식이 특징을 지니고 있는 도리스 양식 신전의 극치를 나타내는 걸작품이다. B.C.. 447년 아테네의 유명한 조각가 페이디아스가 총감독을 맡고 익티노스와 칼리크라테스에 의해 시작되어 B.C. 438년에 완공되었다.

파르테논 신전은 두 가지 목적에 의해서 건축되었다고 한다. 하나는 페르시아 전쟁에서의 승리를 감사한 뜻으로 아테네의 수호신 아테나를 모시기 위한 것이고, 다른 하나는 델로스로부터 가져온 조공품들을 보관하기 위한 것이었다고 한다.

신전은 전면 길이가 가로 31m, 세로 70m의 직사각형 건축물로 높이 10.5m의 원주가 46개, 정면은 8개가 서 있다. 신전에는 여신 아테나를 칭송하는 대군상 조각을 배치하였고, 위쪽 외벽에는 라피타이 족과 켄타우로스 족의 전투를 비롯하여 4가지 신화적인 이야기가 총 92면의 작은 벽에 부조되어 있다.

또한 본전 바깥 벽 위쪽에 163m에 이르는 이오니아 양식 프리즈(벽의 띠) 장식이 둘러져 있는데 현재는 130m가 남아 있다. 이 프리즈는 아테나에게 바치는 장대한 파나테나이아의 대제를 부조한 것이며, 인물 부조는 신들을 합쳐 총 360여 명, 말은 219필 정도 된다. 신전의 천장은 파란색으로 칠해져 있는데 원래 별 모양의 금박장식이 되어 있었다고 한다.

파르테논 신전은 언뜻 보아 부자연스럽게 보이지만 바닥 중앙이 높이 솟아 있고 기둥과 기둥 사이의 간격도 일정하지 않다. 하지만 사실 이것은 당시의 건축가들이 사람 눈의 착시현상까지 계산하여 설계하고 축조한 것이라고 하니 놀라지 않을 수 없다.

파르테논 신전 또한 역사의 변천 과정에서 갖은 수난을 겪었다. 당시 중앙에 있었던 페이디아스에 의해 디자인된 아테나 여신상이 콘스탄티노플로 옮겨지는 과정에서 어디론가 사라지고 지금은 이 상의 복제품이 국립고고학박물관에 소장되어 있을 뿐이다. 터키가 점령할 당시 파르테논 신전을 화약고로 사용하던 중 1687년 베네치아 침공으로 폭탄 하나가 신전에 떨어져 터지면서 파괴되었다.

그런가하면 1810년 오스만제국의 영국 대사였던 엘긴 경이 파르테논 신전에서 떼어낸 디오니소스 상, 신전 외벽의 조각 및 조상의 장식 조형물(엘긴 마블스) 등을 영국으로 가져가 현재 대영 박물관과 파리의 루브르 박물관에 소장되어 있다. 그 후 그리스 정부가 여러 차례 반납을 요구했으나 반납은커녕 올림픽 기간 동안만 대여하는 것도 허락하지 않았다고 한다.

지금은 파괴된 파르테논 신전을 복원하는 중이라 안으로 들어가서는 볼 수 없고 멀리서 바라보며 사진 촬영으로 만족해야 했다.

에레크테이온Erechtheion 신전은 파르테논 신전 북쪽에 세워진 이오니아 양식의 작은 신전이다. 파르테논 신전이 아크로폴리스에서 가장 대표적인 건축물이지만 신전의 성격보다는 전시기념관에 가깝고, 신전 역할을 한 곳은 바로 이 에레크테이온 신전이다. 아크로폴리스에서 가장 신성시된 곳에 세워졌으며, 바다의 신 포세이돈이 그의 삼지창을 내던져 꽂힌 곳에 지혜의 신 아테나가 올리브나무를 심은 곳이 바로 이곳이다. 그래서 신전에는 신화의 내용을 재현한 조각상들이 있다.

그리스 건축 양식

그리스인들은 온난한 기후를 즐기기 위해 야외 생활에 치중하였고, 이를 위해 야외 활동을 수용하는 개방적인 외부공간이 발달하게 되었다. 건물은 외부공간을 구성요소로 갖는 기능을 중시하였고 조직적 형태의 건물을 추구하였다. 지중해 연안의 풍부한 석재를 건축의 주재료로 이용하였으며, 특히 양질의 대리석을 정교하게 가공하여 사용하였다. 지붕의 마감재료로 테라코타와 얇은 대리석판 기와를 사용하는 등 석재 가공기술이 발달하여 몇 가지 주범 양식을 개발하기까지에 이른다.

● 도리아식 주범 : 가장 오래된 주범양식으로 고대 이집트 베니핫산의 아멘–엠–헤트 암굴 분묘의 16각 석주에서 유래하였다. 가장 단순하고 간단한 양식으로 직선적이고 장중하며 남성적인 느낌을 주고 주신에는 착시 현상의 교정을 위해 배흘림 기법을 적용하였으며, 골줄을 새겨 입체감과 수직성을 강조하였다. 주초는 사용되지 않았다.

● 이오니아식 주범 : 소용돌이 형상의 주두가 특징이며 우아, 경쾌, 우연감을 주며 곡선적이고 여성적인 느낌을 준다. 주초가 있고, 배흘림이 약하며 주신에 골줄을 새기는 양식이다.

● 코린트식 주범 : 주두를 아칸더스 나뭇잎 형상으로 장식하였다. 세 가지 주범 양식 중 가장 장식적이고 화려한 느낌을 준다.

이 신전은 아테네의 전설상의 왕인 에리크토니우스의 이름을 따서 붙인 신전으로 아테나, 포세이돈, 에레크테우스 등 3위의 신에게 제사를 올리기 위하여 건축되었다. 동서로 뻗은 몸체는 여신 아테나의 내실이고, 동쪽 끝에는 이오니아 양식 아름다운 여인상 기둥 6개가 현관 복도 난간을 받치고 서 있는 것으로 유명하다. 몸체의 중앙부에는 포세이돈과 에레크테우스의 내실이 있다. 원래 이 신전은 페리클레스가 아크로폴리스를 위하여 건축계획을 세웠으나 펠레폰네소스 전쟁으로 그의 생전에 이룩되지 못하고 그가 죽은 지 8년 후인 B.C.

에레크테이온 신전의 여인상 기둥

421년에 건설되기 시작하여 B.C. 406년경에 완공된 것으로 전해지고 있다.

아크로폴리스에 있는 승리의 여신 아테나 니케 신전The Temple of Athena Nike은 B.C. 420년경에 건축가 칼리크라테스에 의해 건축되었다. 4개의 원주로 이루어진 전후 주랑 양식으로 벽의 윗부분에 있는 양각 프리

파르테논 신전에서 내려다 본 제우스 신전

즈 그림은 신들이 회의를 하는 장면과 전투하는 장면을 묘사하고 있다. 대리석 난간은 신전이 세워진 성채의 가장자리를 보호하고 있는 니케의 양각 조상이 장식되어 있다.

이 신전은 니케 압테로스(날개 없는 승리의 여신)의 신전으로 아테나가 아테네에서 날아가지 못하도록 니케의 날개를 잘라 버렸다고 전해진다. 신화에서는 처녀성을 끝까지 지킨 여신이지만 국가의 수호신이라는 성격 때문에 다산과 풍요의 여신이기도 하였다. 또한 포세이돈과 아티카의 땅을 놓고 싸울 때 포세이돈이 아크로폴리스 기슭에 소금연못을 만든 데 비해 니케는 아크로폴리스 언덕에 올리브나무를 자라게 함으로서 승리하였다. 그 후로는 니케를 올리브 여신이라고 불렀고 팔라스라고도 불리며 로마 신화의 미네르바, 이집트 신화의 네이트와 동일 신으로 보고 있다.

아크로폴리스 정상의 파르테논 신전 동쪽에 위치한 전망대에서 바라본 아테네 시가지의 아름다운 전경이 한눈에 들어온다. 도심지 중앙에 올림피아 제우스 신전의 열주와 올림픽 스타디움이 성벽 아래로 손에 잡힐 듯 선명하게 보인다. 아테네 시내의 연분홍 고층건물들로 둘러싸여 있는 아크로폴리스와 리카베투스(늑대들의 언덕)가 가파른 언덕 위에서 서로 마주 보고 있는 모습이다.

전망대에서 파르테논 신전 남쪽 측면을 끼고 가다보면 남서쪽 비탈에 디오니소스Dionysos 극장이 내려다보인다. 이 극장은 B.C. 6세기경에 참주 페이시스트라토스에 의해 디오니소스 페스티벌을 개최하려고 목조로 세웠다

파르테논 신전에서 내려다본 오데온 극장

디오니소스 극장

고 한다. B.C. 5세기 황금기시대에는 매년 국가적인 축제가 열려 정치인들이 공연의 후원자 역할을 했다고 한다. 디오니소스(반원형) 극장은 B.C. 342~326년 사이에 리쿠르구스에 의해 다시 돌과 대리석으로 재건축되었다. 이후 로마 시대에도 극장은 공연과 국가의 경축행사장으로 사용되었다. 관객석 맨 앞줄에는 귀족석이 마련되었고 무대 뒤쪽 한층 높은 곳은 배우들이 연기하던 곳인데, 그 밑에는 술의 신 디오니소스의 일생을 묘사한 뛰어난 조각이 남아 있다.

올림피아 제우스 신전Temple of the Olympian Zeus은 올림포스 산의 제우스에게 봉헌된 신전이다. 신타그마 광장에서 아말리아스 거리를 따라 10분 정도 걷다가 바실리스 올가스 거리로 꺾어지면 신전 들어가는 입구가 보인다. B.C. 6세기 경 아테네의 참주 페이시스트라토스가 착공했다가 B.C. 131~132년 로마 황제 하드리아누스에 의해 완공되었다.

도리스 양식의 이 신전은 높이 17m, 둘레 167㎝의 기둥 104개로 건축된

불가사의한 제우스 신상

당대 제일의 조각가 페이디아스는 8년여의 작업 끝에 제우스 상을 완성했다. 그는 제우스의 신성함, 위엄과 함께 너그러움을 거의 완벽하게 표현해냈다는 평을 들었다고 한다. 제우스 상은 높이가 90㎝, 폭이 6.6m인 받침대 위에 세워져 있는데, 높이가 12.4m 되는 상은 거의 천장을 닿았다고 한다. 또한 나무로 만들어져 그 위에 보석과 흑단, 상아를 박아 장식한 금으로 만든 의자에 앉은 모습으로, 금으로 된 발 디딤대에 올려져 있는 양다리는 거의 예배자의 눈높이와 일치하였다. 오른손에는 황금과 상아로 만든 승리의 여신 니케Nike 상을 떠받치고 있으며 왼손에는 황금을 박아

그리스 최대의 신전이었다. 지금은 폐허가 된 채로 원주 16개와 그 잔해의 돌무덤만 쓸쓸하게 남아 있지만 그 흔적을 미루어 짐작하면 아크로폴리스의 파르테논 신전보다 규모가 컸다고 여겨진다. 신전 안에는 황금과 상아로 만든 제우스 상 이 있었다고

올림픽 스타디움

하나 지금은 어디에 있는지 그 소재를 알 수가 없다.

올림픽 스타디움Olym pic Stadium은 1896년 제1회 국제 올림픽 경기가 최초로 열렸던 경기장이다. 신타그마 광장에서 15분 거리에 있으며 2, 4, 11번 트롤리버스가 경기장 앞을 지나다닌다. 원래는 일리소스 강을 끼고 아그

장식한 지팡이(왕홀)를 쥐고 있었다. 지팡이 위에는 매가 앉아 있다. 상아로 만들어진 어깨에는 꽃과 동물이 새겨진 황금의 아름다운 망토가 걸쳐져 있었다.

하지만 A.D. 26년, 황제 테오도시우스 1세의 이교도 신전 파괴 명령에 의해 신전이 헐리게 되었다. 게다가 522년과 551년의 지진으로 크로노스 언덕이 허물어졌고, 그라데오스 하천의 범람으로 3~5미터 아래 모래층으로 매몰되어 오늘날 제우스 상은 안타깝게도 남아 있지 않다.

라 계곡과 아르데토스 계곡 사이에 자연스런 홈이 나 있어 이것을 경기장으로 이용하였다고 한다.

B.C. 330~329년에 리코우르고스에 의해 '위대한 판 아테나 축제' 의 운동 경기를 위한 스타디움을 만들었다. A.D 140~144년 사이에 헤로데스 아티쿠스에 스타디움이 복원되어 이것이 1870년에 발굴된 현재의 모습이다. 길이 204m, 넓이 33m의 말발굽 모양의 구조로 약 5만 명을 수용할 수 있다. 로마 시대에는 스타디움이 투기장으로 사용되다가 19세기 말엽에 알렉산드리아의 부호 아베로프의 후원으로 근대 올림픽 스타디움으로 복원되어 1896년에 부활된 최초의 올림픽 경기가 개최되었다. 스타디움 오른쪽에 아베로프의 동상과 왼쪽에는 마라톤 전투의 승전보를 알리는 병사의 동상도 서 있다.

신타그마 광장Sintagma Square은 이방인들이 아테네 여행의 출발 기점으로 삼는 중앙 광장이다. 광장 주변에는 여행사, 항공사, 우체국, 환전소, 쇼핑가 등 여행에 필요한 모든 시설들이 모여 있는 곳이다. 신타그마 광장이란 '헌법 광장' 이란 뜻으로 1843년, 이곳에서 최초의 헌법이 공포된 데서 유래되었다.

광장 정면에는 국회의사당이 있고 의사당 앞 벽면에는 병사들의 모습이 조각된 무명용사 기념비가 있다. 이 기념비는 1923년, 터키에 대항하다 희생된

용사들과 오른쪽 하단에 그리스어로 '코리아' 라고 쓰여 있다. 한국 전쟁에 참전했다가 희생된 용사들을 기리기 위한 것이다.

비의 양면 앞에는 2개의 초소가 있고 전통 의상을 입은 근위병 두 명이 서 있다. 30분마다 자리를 바꾸는데 걷는 모습이 우스꽝스럽다. 1시간마다 근위병 교대식이 있으며, 일요일은 11시부터 전체 근위병 검열사열식이 벌어진다. 근위병 검열사열식을 보려고 광장 앞 도로변에 운집한 여행자들이 서로 기념사진을 찍으려고 자리다툼하는 모습도 보인다.

신타그마 광장에는 대형 크리스마스 트리에 오색등이 화려하게 반짝이고

국회의사당 입구의 위병

연말연시의 들뜬 기분이 아직도 가시지 않는 모습이다. 광장 한쪽에는 마술사가 지나가는 행인을 모아놓고 갖가지 묘기로 익살을 부리며 관중들로부터 박수를 받았다.

신타그마 광장에서 오모니아 광장까지 도보로 30여분 정도를 갖가지 이색적인 거리의 풍속도를 보면서 호텔로 돌아와 짐을 챙겨 크레타 섬으로 떠나기 위하여 전철에 올라 피레우스 항구로 이동했다. 피레우스Piraeus 항구에서 크레타Crete 섬의 이라클리온 Iraklion 항구까지 아넥ANEK과 미노안MINOAN 여객선 두 편이 매일 운항되고 있다. 밤 9시에 크레타 섬으로 출항하는 미노안 3등석 티켓을 29.50€에 구입하여 승선하였다.

여객선의 규모는 길이가 123.8m, 폭이 18.9m나 되는 8,000톤급으로 승선정원이 무려 1,450명이지만, 겨울철 비수기로 승선 인원은 약 1,000명 정도밖에 안 되어 보인다. 여객선의 내부는 비교적 깨끗한 편으로 환전소, 레스토랑, 오락실 등의 시설을 갖추고 있다.

여객선에 오르기 전에 배 멀미가 염려되어 준비해 온 멀미약을 붙이고 승선했으나 큰 여객선에 파도가 일지 않아 흔들림이 적어 배 멀미를 느끼지 못했다. 갑판 위로 올라가 칠흑 같은 어둠 속에 지중해의 망망대해를 바라보지만 보이는 것은 암흑 뿐 차가운 바람이 코끝을 스치고 지나간다.

여객선 2, 3층에 몇 개의 3등 객실은 극장 좌석처럼 의자가 배치되어 있으나 지정된 좌석은 없다. 좌석에 앉아서 잠을 청하기가 불편하여 카펫을 깔아놓은 선실바닥에 침낭을 펴서 자리를 마련하여 아늑하고 달콤한 꿈나라로 향한다.

여객선은 뜬눈으로 밤을 새워 에게Aegean 해를 가르고 다음날 아침 6시에 크레타 섬의 이라클리온 항구에 도착함으로써 9시간 동안의 항해가 끝났다.

그리스 신화의 신(神)

고대 그리스인들은 올림포스 산 정상에 신들이 살고 있다고 생각했다. 그들 중 세력이 가장 높은 제우스와 그의 형제자매, 자녀들 중 12신을 추려 '올림포스 12신'이라고 부르기도 한다.

● 제우스 : 6명의 형제중 막내이지만 올림포스 최고의 신이다. 천둥과 번개를 무기로 쓰는 바람둥이기도 하다. 아버지인 크노소스를 왕좌에서 추방하고 왕이 되었다.
  • 상징물 – 떡갈나무, 독수리
  • 신화의 무대 – 크레타 섬

● 포세이돈 : 제우스의 형이면서 바다와 강, 지진의 신이다. 늘 손에는 3개의 창을 들고 다니며 성격이 급해 화를 잘 낸다.
  • 상징물 – 소나무, 말
  • 신화의 무대 – 코린토스

● 헤라 : 제우스의 정실부인이다. 질투심이 무지 강하다. 결혼, 출산, 육아의 신으로서 가정생활의 수호신으로 숭배된다.
  • 상징물 – 석류나무, 공작
  • 신화의 무대 – 크레타 섬

● 하데스 : 제우스의 형으로 죽은 자의 신이다. 냉혹하고 비정한 반면 엄격하고 공정하다. 유일하게 사랑하는 봄의 여신 페르세포네를 검은 말이 끄는 전차를 타고 납치한다.
  • 상징물 – 검은 양

● 데메테르 : 제우스의 누나이면서 대지의 여신이다. 곡물의 풍작과 흉작은 그녀의 기분에 따라 결정된다. 동생인 제우스와의 사이에서 봄의 여신 페르세포네를 낳았다.
  • 상징물 – 보리
  • 신화의 무대 – 에레프시스

● 헤스티아 : 제우스의 형제자매 중 장녀이
며 아궁이의 신이다. 12신 가운데서 가장
신성한 신으로 숭배를 받기 때문에 그리
스 각 가정과 도시에는 그녀를 위한 제
단이 있다.

그리스는 신과 인간의 이야기가
고대부터 전해 내려오는 신화의
나라이다. 곳곳에 지역명이며 간
판, 유적지에는 신화의 잔재들이
남아 있으며, 그리스 신화에 나
오는 신들에 대해 알고 방문하면
더 흥미진진한 그리스를 느낄 수
있다.

● 아프로디테 : 미와 사랑의 여신, 육욕의
여신으로서 우아하면서 섹시하다. 아들
에로스 또한 사랑의 신이다.
 • 상징물 – 장미, 비둘기
 • 신화의 무대 – 코린토스, 키프로스 섬

● 디오니소스 : 포도와 와인의 신이다. 머
리에는 담쟁이덩굴 관을 썼으며 표범 혹
은 새끼 사슴의 가죽을 걸치고 있다.
 • 상징물 – 포도, 표범
 • 신화의 무대 – 그리스 전역

● 아테나 : 제우스가 가장 사랑한 자녀로서
지혜와 순결의 여신이다. 늘 갑옷과 투구
를 몸에 걸치고 있으며 창과 메두사의
머리가 새겨진 방패를 들고 다닌다.
 • 상징물 – 올리브, 올빼미
 • 신화의 무대 – 아테네

● 아레스 : 전쟁의 신이다. 흉악하고 난폭
하며 피를 좋아하여 신이나 인간 모두
피했던 신이다. 아프로디테와의 사이에서
하모니아를 낳았다.
 • 상징물 – 독수리
 • 신화의 무대 – 트라키아 지방

● 헤파이스토스 : 신들 중 가장 못생겼으나
가장 아름다운 아프로디테를 아내로 맞
았다. 불과 대장장이의 신으로서 신들의
무기와 여신들의 장신구를 만든다.
 • 신화의 무대 – 렘노스 섬

인류문명의 시작점, 크레타 섬

크레타 섬의 거의 모든 사람들이 잠들어 있는

이른 아침부터 숙소를 정하기가 쉽지 않아 도로변에 있는 패스트푸드점에서

시간을 보냈다. 연중 관광객으로 넘쳐나는 곳이라 물가나 숙박비가 배낭 여

행자에게 부담스러운 가격이다. 호텔 몇 곳을 돌아보았지만 사정에 맞는 숙

소를 찾기가 어려웠고, 결국 4인용 침실을 1박에 조반 제공하는 조건으로

100€를 요구하는 것을 배낭 여행자라 사정하여 85€를 주고 호텔올림픽

Hotel Olympic에 여장을 풀었다.

여행자들은 겨울에도 지중해의 온난한 기후를 만끽하고 크노소스의 문명

을 보려고 에게 해의 대표적인 관광지를 찾아온다. 호텔에서 5분 거리에 이라클리온 시내의 중심인 엘레후테리오우 베니젤로우 광장에는 모로시니(사자) 분수대가 있다.

모로시니 분수대

1628년에 베네치아 총독 프란시스코 모로시니에 의해 세워진 이 중앙광장은 베네치안 시대부터 도시의 중심이었으며, 오늘날에도 만남의 장소로 주변 카페에는 이방인들로 활기가 넘치는 곳이다.

이 광장을 중심으로 중앙시장이 있고, 음식점, 관광기념품점, 보석 및 의류점 등 번화한 상점들이 즐비하게 늘어섰다. 광장에서 해안으로 연결된 도로에는 여행사, 환전소, 렌터카회사 등이 몰려 있고 도시화된 건물들이 즐비하여 섬이라기보다는 육지의 어느 도시처럼 느껴진다. 에게 해 남부 중앙에 위치한 그리스 최대의 섬 크레타는 옛 지명이고 지금은 '크리티Kriti'라고 불리고 있다.

크레타는 인류 문명이 시작된 곳으로 기원전 6,000년 경부터 사람이 살기 시작하여 기원전 3,000년 경에 국가가 형성되어 부족단위의 생활에서 거대한 도시가 성립되었다. 미노안Minoan 문명의 중심지였던 크레타는 오리엔트 여러 지역과 이집트와도 교역이 활발했다. 그리스 남단, 미케네에 문명을 전래하여 미케네 문명을 발달시켰고, 기원전 7세기의 폴리스 문명, 기원전 4세기의 오리엔트 문화에까지 영향을 미쳤다.

오후에는 버스로 이라클리온 남쪽으로 약 5km 떨어진 크노소스Knossos 고대 유적지를 찾아 나섰다. 크노소스 궁전은 기원전 1700년 경에 건축되었으나 대지진으로 붕괴되고 그 후 미노스 왕에 의해 재건되어 융성기를 맞았으나, 1425년의 대지진과 화재로 완전히 자취를 감추게 되었다. 결국 기원전 1450년 경에 그리스 본토의 침입으로 멸망하여 크노소스 문명은 완전히 자취를 감추고 주민들이 사방으로 흩어지면서 에게 문명의 중심이 미케네로 옮겨가게 되었다.

B.C. 2000~1400년에 걸쳐 지배했던 미노안의 파괴된 궁전을 영국의 고고학자 아서 에번스Arthur Evans는 신화에서처럼 크레타에 반드시 미노스의 크노소스 궁전이 있으리라는 확신을 가지고 발굴 복원 작업에 착수하였다. 발굴 작업이 시작되면서 거대한 궁전의 모습이 조금씩 드러났다. 넓은 사각형 내원으로 둘러싸여 사방으로 무려 1,000여 개가 넘는 방을 가진 3, 4층의 거대한 궁전이다.

층마다 방과 복도, 홀이 복잡하게 얽혀 이 방에서 저 방으로 가다 헤매는 경우도 종종 있었다고 한다. 미궁에 대한 전설을 모르는 사람조차 미로를 생각나게 만드는 곳이다.

이 궁전은 다이달로스가 설계
한 것으로 공주 아리아드네가 테
세우스에게 알려준 미궁 탈출 방
법도 그가 알려준 것이라 전해진
다. 궁전 안에는 수도와 하수도,
욕실과 수세식 화장실 시설까지
완벽하게 설치되어 있었다. 각 방
은 자연광이 들어와 건물 내부를
밝혔다니 당시의 발달된 건축술
을 짐작케 한다.

현재 남아 있는 유적의 벽화에
서 볼 수 있듯이 당시의 문화 수
준은 상상을 초월한 세련미를 보
여주고 있다.

여행자들이 끊이지 않고 찾아
오는 이 섬에는 지금도 미노안

크노소스 궁전의 잔해들

문명Minoan Civili-zation의 흔적들이 남아 있다.

신화에 따르면 크레타를 다스리던 왕 미노스는 바다의 신 포세이돈의 도움
으로 왕이 되어 황소를 제물로 받치기로 한 약속을 지키지 않았다. 화가 난

포세이돈은 저주를 내려 미노스 왕의 아내 파시파에게 황소와 사랑에 빠지게 만들었다. 결국 왕비는 소의 머리를 단 미노타우로스라는 괴물을 낳게 되어 왕은 이 괴물을 미궁에 가둔다. 그리고 정복한 아테네 사람들에게 괴물의 먹이로 9년마다 7명의 처녀와 7명의 청년을 요구했다.

이에 분노한 아테네의 영웅 테세우스는 스스로 희생자가 되어 미궁에 숨어 들어간 뒤 괴물을 죽이고 희생자들을 구출한다는 이야기이다. 미노스는 그리스 신화에 등장하는 크레타 섬을 강대하게 만든 전설적인 왕이다.

그래서 역사에서는 크레타 문명을 미노아 문명(미노스문명)이라고 한다.

푸른빛 속의 여인들

크노소스는 크레타문명의 중심지로 고대 크레타 왕국의 수도였다. 그곳에서 궁전 터가 발굴되었기 때문에 그 궁전을 크노소스 궁전이라 부르고, 미노스의 이름을 붙여 미노스 궁전이라고도 부르고 있다. 그리스 신화에서는 크레타 섬의 미궁을 '라비린토스'라고 부르고 있다.

궁 입구의 벽에 그려진 백합관을 쓴 왕자와 몸매가 날씬한 여인들, 여왕 방에 그려진 파란 색깔의 돌고래 프레스코 벽화를 통해 그들의 미적 감각과 활기찬 해양 문명의 분위기를 엿볼 수도 있다. '푸른빛 속의 여인들Ladies in Blue' 의 프레스코는 궁전의 동쪽 날개에 있는 왕좌의 방의 커다란 곁방을 장식하고 있다. 당시의 유행에 따라 우아하게 차려 입은 궁중의 여인들이 대화를 하고 있는 모습이다.

궁전 안에서는 거대한 꽃병들이 발견되었는데 꽃병에는 문어가 한 마리씩 그려져 볼록한 꽃병의 윤곽을 가득 채우고 있다. 또 궁전 곳곳에 '라비린토스' 라 부르는 쌍날도끼가 발굴되었다. 이 쌍날도끼는 일종의 종교 의식의 상징으로 많이 이용된 것으로 보이며 악귀를 쫓는다든지 제사를 지낼 때 소를 잡아 바치는 의식에 사용된 것으로 추정된다.

'황소 뛰어넘기Bull-Leaping' 프레스코화는 궁전의 동쪽 방에서 발견되었으며 그 진품은 이라클리온 고고학 박물관에 소장되어 있고, 이곳 궁전에 걸려 있는 것은 복사본이다. 처음 보는 사람도 황소가 돌진할 때 곡예사가 처음에 황소의 뿔을 잡고 그리고 나서 황소의 등 위에서 공중 넘기를 한 다음 마지막으로 뛰어 넘는 과정이라는 것을 확연히 알 수 있듯 동작의 3단계를 명확하게 보여주고 있다.

회랑 마지막 부분에 있는 '백합의 왕자' 라 불리는 부조 프레스코가 있는데 이것

소를 뛰어넘는 곡예사

백합관을 쓴 왕자

그리핀을 묘사한 부조

또한 복사본이다. 제왕 같은 인물을 묘사하고 있는데 아마도 사제왕 Priest-King일 것으로 추정된다. 머리에 백합과 공작 털로 장식된 왕관을 쓰고 있고 왼손을 뻗쳐 분명히 중앙궁정을 향하여 어떤 것을 혹은 어떤 인물을 지휘하고 있는 모습을 묘사하고 있다. 이 인물은 스핑크스 혹은 그리핀griffin(독수리의 머리, 날개, 발톱에 사자의 몸을 가진 괴수)과 같은 개념의 인물로 벽화 속의 행진하는 인물들 중 수장이었을 것으로 짐작된다.

궁전의 서쪽 1층에 있는 '왕좌의 방 Throne Room'은 북쪽 벽 중앙에 공간을 두어 왕좌를 설치해 놓고는 벽의 3면을 따라 돌로 된 벤치가 둘러쳐 있다. 그 유명한 왕좌는 석고로 만들어졌으며, 아마도 유럽에서 가장 오래된 것으로 알려진 왕좌이다.

왕좌의 좌우측 벽화는 복사본으로 그리핀이 그려져 있는데, 이 동물은 신화 상의 창조물로서 사자의 몸체에 독수리의 머리를 하고 있으며 왕가의 왕

올리브 기름 항아리 저장실

좌를 보호하며 일정한 양식으로 그려진 꽃 가운데 앉아 있다. 서쪽 벽에 있는 문은 내부의 성역으로 인도한다.

1층의 서쪽 창고에 18개의 길고 좁은 저장실로, 각각의 창고에는 벽을 따라 올리브기름이나 와인이 가득 담긴 저장용 큰항아리pithoi가 줄지어 서 있다. 바닥을 움푹 파서 만든 석괴 98개가 있는데 귀중한 물건을 안전하게 보관하기 위해 사용된 듯하다. 내부를 석고로 코팅한 것은 액체를 저장하기 위한 것도 있으며, 저장실은 7만 8천 리터의 용량을 가진 400개의 큰 항아리가 있다.

크레타 섬의 크노소스 궁전은 역사와 신화가 더불어 전해지고 있어 어디까지가 역사이고 어디까지가 신화인지 구별이 잘 되지 않는다. 궁전을 이리저리 거닐면서 나름대로 상상의 나래를 펼치며 '몸은 인간이고 머리는 황소인 미노타우로스가 갇혀 있던 미궁은 저쯤이며, 테세우스에게 첫눈에 반해버린 미노스 왕의 딸 아리아드네가 사랑을 속삭인 곳은 이쯤 될까?' 홀로 자문자답을 해 보았다.

역사의 주인공들을 간 곳이 없고 쓸쓸한 궁전만 신화 속에서 방문자를 맞는다. 대자연의 맑은 공기를 호흡하며 산뜻한 기분으로 크노소스 궁전을 카메라에 담은 후 석양 노을을 받으며 2번 버스를 타고 이라클리온 시내로 돌아왔다. 저녁나절에도 베니젤로우 광장 모로시니 분수대 주변 카페의 노변까지 배낭여행자들로 넘쳐나고 있다.

이곳도 그동안 크리스마스와 신년 새해를 맞아 15일 동안의 연휴기간에 대부분의 점포들이 문을 닫았다가 오늘부터 정상적인 영업이 시작되어 붐비

베네치안 요새의 성채

이라클리온 구항구

는 모습이다. 타베르나(그리스 야외식당 겸 카페)에서 시원한 맥주 한 잔에 햄버거로 저녁식사를 해결하고 이라클리온 구항구로 나갔다.

방파제 거리 100m 전방에 베네치아인들이 세운 요새, 캐슬Castle이 있다. 외적의 급습을 막기 위하여 13세기 초에 베네치안 항구의 입구에 세웠고 양 사이드에는 성의 심벌마크로 사자를 새겨 놓기도 했다. 1303년 지진으로 붕괴된 성채를 지금의 건물로 1523~1540년 중에 복원했다. 요새 정상에는 야외극장이 있는데 내부는 식품과 군수품 저장창고로 사용되었다고 한다.

이라클리온 구항구의 명소, 베네치안 요새의 성채를 끼고 거닐며 귀로는 검푸른 지중해의 넘실대는 파도소리를 듣고, 눈으로는 부두에 정박해 있는 여객선의 휘황찬란한 오색등을 바라보며 하루 일과를 마무리했다. 참으로 행복하다.

고고학 박물관의 우아한 오후

　　　　　　　그동안 미루었던 옷가지를 세탁하며 여행 기간 중에 가장 자유롭고 한가로운 시간을 보냈다. 정오 때쯤 그리스 전통 음식인 무사카에 와인 한 잔을 곁들여 아침 겸 점심을 해결하고 베니젤로우 광장에서 도보로 10분 거리에 있는 고고학 박물관을 찾아갔다.

　박물관 입장료가 학생은 3€, 일반 6€이다. 매표원에게 농담으로 한국에서는 노인을 우대하여 경로우대증을 발행하여 유적지나 박물관을 무료로 입장을 한다고 했더니, 이곳은 어린이가 무료라며 어린이 표를 한 장 준다.

　여행 다니면서 공짜로 박물관 들어가 보기는 처음이라 기분이 좋아 한참을 웃었다.

이라클리온의 고고학 박물관은 그리스에서 아테네의 국립 고고학 박물관 다음으로 크고 역사적 가치가 있는 중요한 박물관이다.

박물관 건립의 목적은 B.C. 7,000년 전의 선사 시대부터 A.D. 4세기의 고대세계 말엽까지 미노스 섬에서 융성했던 유물들을 발굴하여 소장하는 데 있었다.

이 박물관의 가장 중요한 전시물은 크노소스 궁전에서 발굴된 벽화를 비롯해 토기, 장신구, 조각 등 크레타 섬에서 성립된 미노안 문명과 관련된 많은 유물이 전시되어 있다.

박물관은 20개의 전시실을 연대기 순으로 전시하고 있는데 석관은 13 전시실, 미노안 프레스코화는 14에서 16 전시실, 성 지아말라키스는 17 전시실, 조각물(부조, 조각상, 건축부분)은 19에서 20 전시실, 금석문은 박물관 반대편에 보호막을 쳐서 오픈된 공간에 전시해 놓았다. 주요 전시물 몇 점을 소개해 본다.

이곳 유물들에 대한 촬영 자체가 불가능하다. 독자들에게는 다만 몇 점이라도 소개를 해야 될 것 같기에 인터넷 상에 올라와 있는 자료를 이용하여 내가 직접 본 것들 중 일부분을 소개하고자 한다.

● GREECE Gallery 이라클리온 고고학 박물관

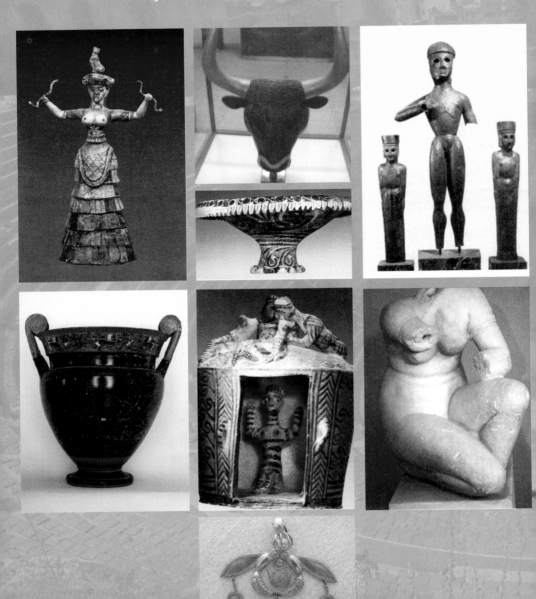

뱀의 여신

B.C.. 17~16세기 제작된 것으로 크노소스 궁전에서 출토되었으며, 종교적인 조각상의 전형적인 특징인 구불구불 움직이는 뱀을 휘어잡고 있는 들어 올리거나 혹은 뻗친 어깨와 얇은 허리선, 노출된 가슴, 에이프런을 걸친 주름스커트를 입고 있는 모습, 이러한 것들은 미노안 미니어처 조각상의 특출한 예다.

황소머리 모양의 단지

크노소스 작은 궁에서 출토. B.C.. 17~15세기에 제작된 것으로 검은 동석凍石으로 황소머리 모양으로 조각한 헌주戲酒단지로 머리가 세밀하게 조각되어 있고 눈은 수정과 벽옥으로 상감 되어 있다. 뿔은 금박을 입힌 모재로 만들어져 미노안의 보석 세공기술이 탁월함을 알 수 있다.

카마레즈 스타일의 과일 받침대

페이스토스 궁전에서 출토. B.C. 18~17세기 제작, 다양한 색상으로 채색되고 나선형 모양과 테두리는 이빨 모양의 술로 장식되어 있다.

청동 소상

드로레스의 아폴로 델피니오스 신전에서 출토. B.C. 8세기 말엽에 제작된 것으로 청동으로 된 얇은 판을 망치로 두들겨서 만든 3개의 소상이다. 아폴로와 그의 누이 아르테미스와 어머니인 레토를 묘사한 것으로 추정된다. 망치를 두들겨 조각상을 만드는 최초의 예로 알려진 현존하는 청동작품이다.

흰 백합이 달린 카마레즈 스타일의 크라터

페이스토스 궁전에서 출토. 최초의 궁전시기인 B.C. 19~17세기 궁전이 가장 번성한 시기에 제작된 것으로 추정되며, 현저하게 돋보이는 솜씨의 작품으로 궁전의 연회 때 홀에 장식된 왕실의 도구로 짐작된다. 카마레즈는 고대세계의 가장 장식적인 도기 스타일의 하나로 주목받는 도기의 새로운 모양으로서 다색채 장식이 특징이다.

지아말라키스의 점토 사당 모델

알카네스에서 출토된 원형 사당의 독특한 테라코타 모델, 원시 기하시대인 B.C. 10~9세기에 제작된 것으로 사당 내부에 손을 들고 앉아 있는 여인이 있는데 아마도 여신으로 짐작된다. 지붕 위에 있는 두 명의 남자는 경배를 표하며 빛이 나오는 곳으로 여신을 바라보고 있고 개 한 마리가 테두리 안에 있다.

아프로디테 조각상

고르틴에서 출토된 대리석상. B.C 1세기경에 제작된 것으로 목욕탕에서 무릎을 꿇고 있는 여신 아프로디테를 묘사한 것이다. 조각가 도이달사스 Doidalsas에 의해 제작된 헬레니스틱 오리지널의 복사품이다.

벌 모양의 황금 펜던트

말리아에 있는 크리솔라코스의 구궁전의 묘지에서 출토되었다. 두 마리의 벌이 얼굴을 마주보고 과일과 벌꿀을 들고 있는 것을 묘사한 것이다.

니코스 카잔차스키의 묘

약 3시간에 걸친 고고학 박물관 관람을 마치고 이라클리온 시내의 서쪽 끝 크레타의 베네치안 월Venetian Wall 언덕 위에 자리하고 있는 작가 니코스 카잔차키스Nikos Kazantzakis의 묘지를 찾았다.

우리나라에서도 번역된 그의 소설 '그리스인 조르바'는 세계적인 인기를 끌어 영화로 만들어져 우리에게도 친숙한 작가이다.

크레타 섬에 도착하면 카잔차키스의 묘지를 알리는 표지판부터 보일 정도로 그리스가 낳은 위대한 작가이자 사상가로 1883년 크레타 섬에 태어났다. 노벨 문학상까지 받은 카잔차키스를 크레타 사람들이 얼마나 사랑하고 있는지는 이라클리온 시내를 걷다 보면 알 수 있다.

'조르바'라는 간판이 붙은 상점들을 자주 만나볼 수 있고, 최근에는 공항 이름마저 '니코스 카잔차키스' 공항으로 바뀌었다고 한다.

그의 묘는 공원으로 꾸며져 시내와 에게 해가 한 폭의 그림처럼 내려다보이는 언덕 위에 자리하고 있다. 우리 일행은 카잔차키스 영전에 포도주로 고

수레 예를 갖추고 음복을 한 순배씩 돌리며, 그의 묘비에 새겨진 '나는 아무런 희망도 가지고 있지 않고, 아무것도 두렵지 않으니 정말 자유로운 것 아닌가?' 라는 자유사상을 되새겨 보았다(그는 생전에 자신의 묘비명墓碑銘을 직접 마련하여 이렇게 적고 있었다).

그가 초라하게 나무로 만들어진 십자가 아래 영원한 자유인으로 잠들어 있는 것을 보면서 에게 해의 저녁노을을 뒤로 하고 호텔로 돌아왔다.

니코스 카잔차스키와 그리스인 조르바

니코스 카잔차스키는 1883년 크레타 섬 이라클리온에서 태어났다. 현대 그리스 문학을 대표하는 그는 두 차례나 노벨 문학상 후보로 지명되었으며, 톨스토이, 도스토예프스키와 비견될 만큼 위대한 작가로 추앙받았다. 그의 대표작 '그리스인 조르바' 는 카잔차스키 자신의 실제 경험담을 바탕으로 구성되었다. 그는 '그리스인 조르바' 의 '나' 처럼 1917년, 실제 주인공인 기오르고스 조르바를 만나 펠로폰네소스에서 탄광사업을 하였다. 소설에서는 책만 읽던 '내' 가 새로운 생활을 시작하기 위하여 크레타 섬으로 향하던 중 60대 노인인 '조르바' 를 만나고 크레타 섬에서 함께 탄광 사업을 하며 펼쳐지는 이야기가 전개된다. 이 소설은 카잔차스키가 추구하던 궁극적인 가치를 그리스인 조르바를 통해 잘 그려내고 있다는 평을 받았다.

크레타 : 이라클리온, 레팀노, 아기오스 니콜라우스 → 산토리니

열넷째날

산토리니까지 가는 길

　　　　　　　새벽 5시 30분 경에 기상하여 옆 사람이 일
어날까봐 조심해서 주섬주섬 옷을 찾아 입고 베니젤로우 광장으로 나왔다.
이곳 광장에서 6시에 출발한 버스는 1시간 30분을 달린 끝에 서쪽으로
81km 떨어진 레팀노Rethimno에 도착하였다. 너무 이른 아침이라 길거리
에는 인적이 드물고 해변 언덕배기에 타베르나들이 줄지어 있지만 테이블은
텅텅 비어 있는 모습이다.

　해안에 위치한 해변도시로 지중해성의 건조하고 따뜻한 기후라지만 아침
기온은 제법 쌀쌀하고 차갑게 느껴진다. 레팀노에서 특별히 볼 만한 것은 없

지만 해안선을 따라 베네치안 항구를 돌아서 베네치안 성채까지 거닐며 시 가지와 에게 해를 바라보며 맑은 공기에 심호흡을 크게 한 번 하고 나니 기 분이 상쾌해진다.

레팀노는 크레타의 북쪽 지역으로 동쪽으로는 이라클리온, 서쪽으로는 하 니아, 북쪽으로는 크레타 해와 리비안 해에 둘러 싸여져 있다. 전체 면적은 1,496㎢이며 인구는 7만 명으로 과거 베네치아와 터키의 지배를 받은 흔적 의 유적들이 많이 남아 있는 곳이다.

또한 미노안 도시 유적지와 베네치아 점령 기간에 건축된 요새와 성벽, 건 물들이 현존하고 있다. 고고학 박물관도 있으나 아테네와 이라클리온의 박 물관을 관람했기 때문에 보지는 않았다.

이 섬에서 가장 아름다운 명소 가운데 하나가 프레벨리 수도원으로서 리비 안 해안의 절경 속에 서 있다. 이 역사적인 수도원은 두 번에 걸쳐 피해를 입 었으면서도 바로크 양식과 지방 건축술이 절묘하게 혼합된 교회 양식으로 18세기부터 현존하고 있다. 수도원이 반 터키운동의 구심점 역할을 하였다.

또한 레팀노는 동굴이 많기로 유명하다. 도심 근처에 있는 예라니 동굴은 아름다운 종유석과 구석기 유물 및 아카익 시대의 유물들이 발견된 곳이다. 크레타에서 가장 중요한 고대 경배 중심지 동굴이 멜리도니Melidoni에 있 다. 한편 니다Nida 평원에 있는 이다이온 동굴Idaion Cave은 제우스의 탄 생지로서 신화상의 관점에서 중요한 동굴이다.

오후 3시 경에 리무진버스에 올라 이라클리온에서 약 한 시간 거리인 아기

Nane Line 여객선

오스 니콜라오스Agios Nikolaos 항구로 이동한다. 도중에 현대자동차와 대우자동차의 심벌마크가 선명한 광고판과 서비스센터 앞을 지나오며 신장된 국력에 가슴이 뿌듯해 온다.

잘 닦인 해안선을 따라오며 아름다운 풍광에 섬 전체가 전원도시의 휴양지처럼 느껴진다. 니콜라오스 항구도 에게 해의 넘실대는 검푸른 바닷물과 조화를 이루어 한 폭의 그림이다.

니콜라오스 항구에 도착해서 산토리니Santorini로 가는 페리호의 티켓을 구입하고(18.70€) 여객선이 입항하기를 2시간 가까이 초조하게 기다리며 시간을 보냈다.

크레타 섬도 겨울철에는 관광 비수기로 날씨가 흐린 날은 정규 여객선마저도 결항이 많다고 하니 예측할 수 없는 항로이다. 다행히도 여객선 페리호가 뱃고동을 울리며 서서히 입항하여 대기하고 있던 손님들을 승선시켜 17시 30분에 출항한다.

에게 해의 저녁노을을 보고자 갑판 위로 올라가니 갑자기 빗방울이 떨어져 낭만의 환상을 접고 여객선 카페에 들러 맥주 한 잔으로 여수를 달랬다.

　니콜라오스 항구를 출항한 지 다섯 시간만인 22시 30분에 산토리니 선착장에 안착하였다. 크레타에서 출발하기 전 숙소를 미리 예약하고 왔기 때문에 안토니오 호텔Antonio Hotel 측에서 주차장에 대기시켜 놓은 미니버스에 올랐다.

　밤길이라 산토리니의 지형을 알 수는 없으나 급경사를 지그재그로 30분 정도를 올라 호텔에 도착하였다. 호텔은 작고 아담한 건물이다. 베니스풍의 아치형 현관문으로 들어서자 실내가 비교적 깨끗하게 꾸며져 있는데 하룻밤 숙박비가 15€이다.

그리스 아름다움의 절정, 산토리니

열다섯째날

　　　　　산토리니를 '티라Thira' 라고도 하는데 그리스에서 가장 아름다운 섬으로 알려져 있다. 층암절벽 위에 오밀조밀 붙어 있는 다양한 칼라의 천연색 아치형 건물들이 에게 해의 검푸른 바다와 대비되어 이색적이다. 오늘날의 산토리니는 B.C. 16세기 경 화산활동으로 분화구인 칼데라caldera가 침전되어 형성된 것이다. 매년 수많은 관광객이 화산 활동으로 만들어진 분화구 위에 깎아지른 듯 검붉은 절벽과 파란 하늘이 조화된 아름다움을 만끽하려고 찾아드는 명소이다.

　　산토리니는 전체 면적이 132㎢로 티라thira, 티라시아thira-sia, 아스프로니시Aspronisi의 세 개의 섬으로 이루어져 있으며, 약 8,250명의 주민이 거주하고 있다. 산토리니의 중심 도시는 피라Fira로서 서부 해안의 가파르게 꺾인 언덕바지 위에 자리하고 있는 여행자들의 거점이다.

가파른 계단 길과 케이블카로 연결된 항구의 해안선이 빼어난 경관을 자랑하고 있다. 독특한 스타일의 올망졸망한 계단식 주택들이 아치형 창문과 둥근꼴 모양의 지붕으로 밀집되어 있어 환상적인 동화의 나라에 온 것처럼 신비스럽게 느껴진다. 관광 성수기에는 피라의 골목마다 수많은 여행객들로 넘쳐난다는데 겨울철엔 비수기로 조용하고 쓸쓸하기 그지없다. 비록 작은 마을이라 할지라도 은행, 호텔, 여행사, 레스토랑, 상가 등 없는 것이 없을 정도여서 여행하기에는 전혀 불편함이 없다.

오늘의 일정은 오전에 고대 티라 유적

고대 티라 유적지

카마리 해변

지Acient Thira까지 미니 트레킹이 예정되어 있다. 피라 터미널에서 버스를 타고 한 시간 거리인 카마리 해변 마을에 내려 페리사Perissa 해변과 카마리 Kamari 해변 사이로 나가는 작은 곳에 고대 티라 유적지가 있다. 유적지까지 경사진 급커브 길을 지그재그로 가쁜 숨을 몰아쉬며 한 시간정도 올라 수도원에 당도하였다. 수도원 돌담에 걸터앉아 카마리 해변의 아름다운 전경을 배경으로 사생화 같은 작품 사진을 기대하며 카메라 셔터를 계속 눌렀다.

수도원에서 위쪽으로 비탈길을 따라 가면 폐허 상태로 방치된 티라의 고대유적지가 펼쳐진다. 해발 396m에 위치하고 있는데, 자연적으로 요새의 성격을 가지고 있어서 스파르타 식민주의자들이 그들의 도시를 세우는 데 가장 이상적인 장소였던 모양이다. 경비원들이 초소에서 망원경으로 관광객들을 감시하지만, 관람료를 받을 수 없을 정도로 지진과 화산활동으로 건축물들이 파괴되어 있어 원상복원은 힘들어 보인다.

카마리 해변은 끝자락 보이지 않을 정도로 검붉은 화산석이 깔려 있다. 그 모래자갈들이 밀려왔다 밀려가는 파도에 씻겨 오목조목한 조약돌로 변하여 끝없이 펼쳐지고 있는 모습은 참으로 아름답다. 산토리니 섬에서 가장 넓은 페리사 해변은 활시위처럼 아치 모양으로 휘어져 들어가 있는데, 그 부분들이 붉은색과 검은색, 회갈색의 3원색 물감을 뿌려놓은 듯 조화를 이룬다.

카마리 해변에 비하면 거칠고 뒤숭숭한 느낌이지만 두 곳이 조그마한 산등성이를 경계로 인접해 있다. 산등성이에 올라 멀리 바라보니, 보이는 곳 저 멀리 수평선 넘어 하늘과 바다가 맞닿은 곳쯤에는 어디가 바다이고 하늘인지 경계가 없다. 쪽빛 바다는 잔잔한 호수처럼 솔바람에 파문이 인다. 성수기가 아니라 호텔, 타베르나, 카페, 레스토랑 등이 다가올 여름을 기다리는 듯 스산한 바람결만 스칠 뿐, 깊은 동면에 들어간 모습이다.

쥐죽은 듯 조용한 해변 카마리는 검은 모래 빛깔과는 달리 맑고 깨끗한 청록의 바다 빛 그대로다. 모든 과일이 제철에 먹어야 제 맛을 내듯이, 이 해변도 지금이 제철이라면 뜨겁게 달아오른 지중해의 태양 아래 마음껏 해수욕과 일광욕을 즐기는 수많은 인파 속에 낭만이 넘치는 환상적 해변이 되었을 텐데. 여러 가지로 섭섭함과 아쉬움을 안고 되돌아가야만 했다.

잠시 휴식을 취하고 오후 4시경 피라에서 버스로 30분 거리인 칼데라의 가파른 기슭에 건설된 이아Ia 마을을 찾아 나섰다. 벼랑 끝에 철옹성 같은 요새를 만들 듯이 계단식 주택이 다닥다닥 붙어있어 이웃과 경계가 없어 보인다. 아랫집 옥상이 계단으로 사용되어 원숭이 담 넘어가듯 미로 같은 통로

이아 마을

산토리니의 북단에 있는 이아(Ia 혹은 Oia, 발음은 E-ah) 마을은 화산 분화구 가장자리의 절벽 정상 높은 곳에 정착되어 있다. 마을 바로 아래에 있는 아모우디Ammoudi 해변은 걸어서만 갈 수 있는 데, 이아 마을에서 214계단 아래에 있으며, 286계단을 더 내려가면 아르메니Armeni 해변이 있다. 이아에서 볼케이노의 한 부분인 팔리아 카메니Pali Kameni와 네아 카메니Nea Kameni 및 작은 섬 인 티라시아Thirasia가 바라다 보인다.

를 이리저리 오간다.

　아래쪽에서 고개를 들어 위쪽을 올려보면 다양한 칼라로 형형색색 페인트 칠을 해놓아 총천연색으로 화려하고 산뜻하여 신비스러운 느낌마저 든다. 이아 마을 주민들은 요새(?)에 숨어서 그림자도 볼 수 없고 개들만 20여 마리가 떼를 지어 다니며 마치 우리를 환영하기라도 하듯 짖어 댄다. 좁은 골목의 상점에서는 수공예품, 기념품, 보석 등 이아를 기억할 만한 것들을 팔고 있으나 찾는 사람이 없어 한산하기는 마찬가지다.

　이아 마을의 하이라이트는 산토리니 섬에서 가장 아름답다는 석양의 노을을 보는 일이다. 가히 마력적이어서 세계적으로도 유명한 곳이다.

　주변을 붉게 물들이며 수평선 너머로 사라지는 태양은 여행자들의 숨소리마저 멈추도록 장엄하단다. 석양의 노을을 보려고 일부러 시간까지 맞추어 왔는데 오늘따라 구름이 잔뜩 끼어 볼 수가 없어 아쉬운 마음으로 되돌아와야 했다. 시간적 여유만 있다면 이아 마을의 독특한 자연미와 더불어 한가로운 휴식을 즐기기에 참으로 이상적인 곳이었다.

열여섯째날

티라의 박물관

오전에 피라에 있는 티라 고고학 박물관과
선사 박물관을 찾아 나섰다. 티라 고고학 박물관은 원래 1902년에 건립되었
으나 1956년의 지진으로 붕괴되어 1960년에 토목성Ministry of Public
Works에서 복구하였다. 소장품은 아카익 시대부터 로마 시대까지의 조각
물, 아카익 시대부터 로마 시대까지의 비문, 기하학 시대부터 헬레닉 시대까
지의 도자기, 점토 소상小像들이다. 이 가운데 가장 중요한 소장품을 소개하
면 다음과 같다. 이 유물들 역시 촬영이 불가능하다. 하는 수 없이 인터넷 자
료를 이용하였다.

B.C. 3000년에 제작된 단지   내용물을 상징하는 그림이   B.C. 17세기 제작된
                                          그려진 피토스   목제 테이블

    티라 선사 박물관은 아테네 고고학회의 후원 하에 발굴된 아크로티리 Akrotiri의 유물과 아테네 독일 고고학 연구소 일원에 의해 발굴된 포타모스 Potamos의 초기 발굴 유물을 소장하고 있다.

    그 밖에 싸이클라데스Cyclades와 사모스Samos를 위한 21세기 고대 감독 관에 의해 수행된 섬의 다양한 다른 사이트에서 발굴된 것들 또는 우연히 발견된 것들 혹은 손에서 손으로 전해지는 것들을 구입하고 있다.

    박물관에는 티라 연구사, 티라 지질학, 후기 신석기 시대부터 후기 싸클라딕 제 1시기(B.C. 17세기 초)까지의 섬의 역사, 아크로티리 도시의 전성기(성숙한 후기 싸클라딕 제 1시기, B.C. 17세기)의 네 가지 주제로 나누어져 전시되어 있다.

    특히 마지막 주제에서 아크로티리 도시 평면도, 건축물, 그리고 도시의 센터로서의 아크로티리의 조직, 긴급 관료 체계, 벽화, 풍부하고 다양한 도기,

우아한 보석, 도자기 회화와 벽화간의 상호작용, 아크로티리 도시 그리고 섬의 외부세계와의 복잡한 접촉 망 등 다양한 면모가 보인다.

전시물은 티라에 사람이 살기 이전부터 번성하였던 식물 화석 그리고 고고학적 유물을 포함한다. 가장 초기의 것 중에는 신석기 시대의 도기류, 초기 싸클라딕 대리석 소상小像들, 초기 싸클라딕 도기류 등이 있다. 또한 크리스티아나Christiana 섬과 아크로티리 (B.C. 3300~2000)에서 나온 후기 싸클라딕 제 2시기로부터 후기 싸클라딕 제 3시기Kastri group까지의 과도기적 국면의 흥미로운 것들도 포함하고 있는데, 이것들은 중기 싸클라딕 도자기류로서 일련의 인상적인 새 모양의 단지들이다. 상당수가 제비 모양의 단지들이다. 또한 프텔로스Ftellos, 메가로호리Megalohori 그리고 아크로티리 (B.C. 20~18세기)에서 나온 초기 싸클라딕 금속 고기물古器物 등이 있다.

아크로티리가 전성기(B.C. 17세기)였을 때 나온 수많은 전시물 중에 주목할만한 것들로는 가구 석고 틀, 가정용품, 청동 배, 청동 도구, 청동 무기, 금

숨겨진 명소, 아크로티리

산토리니 섬의 남단에 있는 선사유적지 아크로티리Akrotiri마을. 유적지의 광대한 범위(약 20ha)와 정교한 배수背水체계 그리고 복잡한 2, 3층의 다층 구조로 된 건물들이 화려한 벽화 및 가구 그리고 도자기들과 함께 이곳의 번성했던 과거를 보여준다.

그러나 발전과 번영의 생활은 B.C 17세기 후반에 갑작스러운 종말을 맞았다. 혹독한 지진과 화산 폭발이 이어졌고, 화산 분출물이 섬 전체와 이 도시 자체를 뒤덮었다. 그러나 이러한 화산 분출물이 건물들과 생활모습을 그대로 보호하게 되었다. 마치 이탈리아의 폼페이 같이. 아크로티리에 사

'숙녀들과 파피루스' 벽화   '푸른 원숭이' 벽화

속제품을 사용했다는 증거가 되는 물건들, 문장들, 문장과 문자 테이블 등이 있다. 너무나도 인상적인 것이 장대한 벽화 앙상블('숙녀와 파피루스' 벽화, '푸른 원숭이' 벽화)과 다른 벽화의 파편들(아프리카의 귀여운 원숭이, 새, 꽃 장식)이다.

주목할 만한 것은 피토스pithos(거대한 단지), 황소 상, 에게 해나 동 지중해로부터 수입한 돌이나 점토로 만든 도자기 및 황금 염소 상, 그리고 최근

람들이 살았다는 것을 알기 시작한 것은 19세기 후반부터이다. 그러나 체계적인 발굴은 훨씬 뒤인 1967년에 시작되었다.

아테네 고고학회의 후원 아래 스피리돈 마리나토스는 1930년대에 발표한 그의 이론, 즉 티라 화산의 분출로 미노안 문명이 붕괴되었다는 것을 증명할 희망으로 아크로티리를 발굴하기로 결심하였다. 1974년, 그의 죽음 이후 발굴은 크리스토스 도우마스의 감독 아래 계속되었다.

에 발견된 유물들이다.

수장고에 있는 수천 가지의 유물 등을 정선하여 전시함으로써 선사 시대의 티라의 과정을 조감하려고 노력하고 있다. 이것은 아크로티리 도시를 B.C. 18~17세기 동안에 가장 중요한 에게 해 센터로 조명하려는 역동적이고 창의적인 과정의 일부다.

오전 중 티라 고고학박물관과 선사박물관 관람을 마침으로써 산토리니의 모든 여행 일정도 마무리되었다. 피라 마을의 노변 타베르나에서 샌드위치로 중식을 해결한 후 호텔에서 제공하는 미니버스로 산토리니 선착장으로 나왔다.

밤에 산토리니에 도착하였을 때는 선착장 주변 경관을 조망할 수 없어 별다른 느낌이 없었으나 지금 선착장에서 바라보니 300m 높이의 다운타운이 면도칼로 떡시루를 잘라 놓은 듯 깎아지른 절벽 위에 아슬아슬하게 자리 잡은 모습이다.

산토리니는 아기자기한 아름다운 섬이지만 남성다운 웅장함을 지니고 있다. 이아 마을의 석양 노을을 카메라 담지 못한 아쉬운 마음을 아는지 하얀 괭이갈매기의 날갯짓이 내 마음을 붙든다.

오후 3시 30분, 8,000톤급 Blue star paros호에 승선하여(27€+항만세

0.56€) 지중해의 망망대해를 가르면서 아테네를 향한다. 눈부신 태양 아래 여기저기 흩어져 있는 이름 모를 섬들, 그리고 코발트 빛 바다를 유유히 가르는 여객선 갑판 위에서 점점이 멀어져 가는 산토리니를 아쉬워하며 기약도 없이 떠나간다.

로맨틱한 여행은 아니지만 배낭 하나에 몸을 맡겨 근심걱정 털어버리고 천하를 주유하는 여행자의 마음은 왜 이렇게 풍요로움이 가득한 것인지! 저녁 노을이 지면서 바다에도 어둠이 서서히 깔려오더니 이내 차가운 바람이 추위를 몰고 온 듯 옷깃을 여미게 한다.

여객선이 아테네의 피레우스 항구에 밤 11시 30분에 도착함으로써 8시간의 항해가 끝났다.

피레우스 항구에 도착하자 아테네의 중심가 오모니아 광장 주변에 있는 호텔로 갈 것인지, 아니면 아테네 공항으로 갈 것인지 선택을 해야 될 상황이다. 문제는 내일 아침 8시에 아테네를 떠나 터키의 이스탄불로 이동을 하는데, 지난번에 묵었던 호텔로 가더라도 서너 시간 머물다 다시 공항으로 나와야 한다. 그렇다면 미리 공항 대기실로 가서 새우잠을 자면 조금 불편하기는 하겠지만 시간과 경비는 절약할 수 있다는 생각에 공항으로 직행했다.

여행길은 고생길이라고 하루 교통수단으로 육해공로 모두를 이용하려니 몸 컨디션이 좋을 수만은 없다. 자정이 넘자 공항 대기실도 승객이 별로 없어 좌석도 한가로워 의자에 기대어 잠을 청해보지만 불편한 자세라 깊은 잠을 잘 수가 없다.

이럴 때는 평소의 방식대로 주변 시선을 의식하지 않고 자연스럽게 침낭을 꺼내 의자 테이블 위에 깔고 아주 편안한 상태로 잠자리에 드는 것이 상책이다. 누가 감히 아테네 국제공항 대기실에서 취침중인 노숙자의 잠자리를 방해하겠는가.

다른 때 같으면 자다가도 화장실을 몇 차례 다녀올 법도 한데 오늘따라 피곤했는지 더 깊은 숙면에 빠진 것 같다. 일행들은 내 잠자는 모습을 사진을 찍어 보여주며 타고난 여행가 체질이라며 부러워하는 눈치이다. 자기들은 나로 인해 잔뜩 주눅이 들어 의자에 쪼그리고 앉아 자는 둥 마는 둥 잠을 설쳐 고개가 아프다며 푸념을 한다.

웅성거리는 대기실 분위기에 잠자리에서 일어나 시계를 보니 여섯 시를 가리키고 있다. 화장실 세면대의 거울 앞에서 간밤에 망가진 얼굴을 고치는 내 모습에 나도 모르게 웃음이 절로 나온다.

1 기하학 문양이 있는 티라 엠포라amphora 고대 티라의 아카익
　 시대의 묘지에서 발굴되었다. B.C. 7세기 초엽에 제작된 것으로
　 보인다.

2 아카익 장례식 코우로스의 토르소torso 셀라다 산의 서쪽 경사
　 면에 있는 고대 티라의 묘지에서 출토했다. B.C. 7세기 말엽으로
　 추정된다.

3 정교한 솜씨의 점토 소상小像 채색 장식으로 표면처리가 되어
　 있고 색깔이 아직까지도 잘 보존되어 있다. 머리를 향한 팔의 특
　 징적인 움직임 때문에 애도하는 사람으로 보인다.

4 아테네 양식의 검은색 인물이 새겨진 소용돌이 문양이 새겨진 크
　 라터krater 목 부분에 여신 아테나Athena가 참여하고 있는 전차
　 전투 장면이 묘사되어 있다.

5 아테네 양식의 검은색 인물이 새겨진 엠포라 전면에 아테나
　 Athena와 헤라클레스Heracles가 4두 2륜 2전차를 타고 있고, 배
　 경으로 아폴로Apollo가 칠현금을 타고 있는 모습과 아르테미스
　 Artemis가 묘사되어 있다. 고대 티라의 아카익 묘지에서 출토되
　 었으며, B.C. 6세기 후반에 제작된 것으로 보인다.

6 아테네 양식의 검은색 인물이 새겨진 킬릭쓰kylix 도자기 안쪽에
　 는 여섯 개의 배가 도자기 입구에 그려져 있고 중앙에는 거인 폴
　 리보테스Polybotes를 죽이고 있는 포세이돈이 그려져 있다.

7 둥근 화산석 무게 480kg. 이 돌은 장사 에우마스타스Eumastas
　 의 업적을 찬양한 비문을 돌 자신이 다음과 같이 쓰고 있다. '크리
　 토보로스Kritobolos의 아들 에우마스타스가 나를 들어 올렸다.'

그리스를 여행할 땐…

이것만은 알아두고 주의하자!

● 씨에스타 : 그리스 사람들은 점심식사를
마치고 나서 낮 1시에서 4시까지 낮잠(씨
에스타)를 즐긴다. 이 시간에는 상점이나
사무실이 모두 쉬므로 관광이나 쇼핑을
할 때 참고해야 한다. 아테네 같은 대도
시에서는 씨에스타를 잘 지키지 않고 있
으나, 주요 관광지에서는 이 관습을 철저
하게 지킨다.

● 물 : 아테네의 수돗물은 믿을 수 있긴 하
지만 안심할 수는 없으므로 미네랄 워터
를 사서 마시는 것이 좋다. 특히 그리스
섬 사람들은 빗물을 모아 끓여 마시기도
하는데 관광객들에게는 익숙치 않아 배
앓이를 할 수도 있으니 미네랄 워터를
반드시 챙기도록 한다.

아테네의 교통

● 트롤리 : 차체가 노란색이므로 눈에 잘
띈다. 정류장이나 차체 앞면의 행선지는
그리스어로 적혀 있어 알아보기 힘들다.
그래도 아테네 내에선 가장 흔히 이용하

보통 사람들은 그리스를 일 년 내
내 기후가 온화하다고 생각한다.
물론 그리스는 지중해성 기후에
속하기 때문에 평균 기온이 높은
편이다. 하지만 그리스도 한국과
마찬가지로 4계절이 뚜렷한 편이
며, 한국보다는 건조하다고 생각
하면 된다.

고 편리한 교통수단이다. 차 내에서 표를
살 수 없으므로 미리 구입해야 한다. 번
화가의 버스 터미널 근처 매점이나 주요
정류장 매표소에서 표를 구입할 수 있다.

● 트램 : 아테네 중심부와 아폴로를 잇는
전차로서 2004년 아테네 올림픽 때 관
심을 끌었다. 세련된 차체 디자인으로 더
욱 눈길을 끄는데, 현재 계속 노선을 연
장하고 있다. 표는 시타그마 역 매표소
혹은 각 역에 있는 자동판매기에서 구입
이 가능하다.

배낭여행 노하우

배낭여행의 단점이라면 유적지나 유물에 대한 설명해줄 가이드가 없는 것이다. 여행자스스로 방문지의 유적과 유물에 대한 사전예비지식이 없으면 유명한 작품도 지나치는 경우도 많다. 여행자가 수많은 작품을 다 알고 갈 수는 없지만 그러나 분명한 것은 공부해간 만큼 보고 올 수밖에 없다는 사실이다. 나의 경우는 여행을 떠나기 2, 3개월 전부터 방문할 여행지의 정보를 얻는 방법으로 전문 여행사를 방문하거나 가이드북과 인터넷에 올라 있는 내용을 꼼꼼히 챙겨 본다. 여행 중에는 유적지나 유물 앞에서 책을 보며 사진도 촬영하고 시간이 나는 대로 일기를 메모해 두었다가 귀국해서, 가이드북, 사진, 일기 등을 보면서 기행문을 정리하곤 하였다.

박물관에서 사진 촬영

그리스는 발 딛는 곳마다 고대 유적지와 고고학 박물관이 있다. 박물관 안에서 사진 촬영은 원칙적으로 금지되어 있는데, 박물관에 따라서 정해진 허가료를 받고 사진 촬영을 허락하는 곳도 있다. 눈으로 직접 볼 기회가 흔치 않은 유물들을 보러 갔으니 해당 박물관의 규칙을 미리 알아보고, 사진 촬영이 가능하다면 망설이지 말고 셔터를 누르자.

동양과 서양의 공존지대
터키

- 국명 : 터키 공화국(Republic of Turkey)
- 수도 : 앙카라(Ankara)   ● 인종 : 터키인, 켈트인
- 종교 : 이슬람교 수니파   ● 언어 : 터키어
- 시차 : 대한민국 − 7시간
- 기후 : 지역별 기후차가 심함. 지중해성 기후 + 사막기후

TURKEY

만약 실크로드를 따라 걸어 왔다면 최종 목적지가 되었을 터키. 옛적에는 동쪽과 서쪽 사람들이 물건을 주고받기 위해 터키로 왔다면, 지금은 세계 곳곳에서 그 옛날의 찬란한 문화와 동서양의 조화를 만끽하기 위해 모여들고 있다.

나는 어느 목적지에 가고자 여행하는 것이 아니라
그저 여행을 위해서 여행한다.

로버트 루이스 스티븐슨

TURKEY
Map

불가리아

열일곱째날   스물일곱째날

흑해

이스탄불
Istanbul

열여덟째날

열아홉째날   스물여섯째날

스물셋째날   스물넷째날

카파도키아
Kappadokye

스무째날

셀추크   괴레메
Selcuk   Goreme   스물다섯째날

에페스 Efes

스물하루째날   스물둘째날   **Turkey**

지중해

열일곱째날 그리스; 아테네 → 터키; 이스탄불   열여덟째날 이스탄불 1   열아홉째날 이스탄불 2

스무째날 이스탄불 → 셀추크   스물하루째날 셀추크 → 에페스 → 파묵칼레

스물둘째날 파묵칼레   스물셋째날 파묵칼레 → 카파도키아   스물넷째날 카파도키아 1

스물다섯째날 카파도키아 2   스물여섯째날 파도키아 → 이스탄불

스물일곱째날 이스탄불 → 이집트; 카이로

비오는 이스탄불

열일곱째날

공항 대기실에서 꿈같은 몇 시간의 단잠으로 그동안의 누적된 피로를 풀었다. 새로운 에너지가 재충전된 듯 개운하기 이를 데 없다. 아름다운 추억들과 힘들었던 기억들을 아테네 공항에 남기고, 아침 8시 5분 이스탄불Istanbul로 향하는 올림항공기(OA)에 탑승하였다.

아테네 공항을 이륙한 비행기가 잔뜩 낀 먹구름을 헤치고 오르니 아래쪽은 뭉게구름이 봉우리를 만들어 장관을 이루고 창공에 떠있는 태양은 더욱 눈을 부시게 한다. 아테네에서 2시간을 비행한 끝에 이스탄불 아타튀르크 국제공항에 도착했을 때는 밖에는 제법 쌀쌀한 날씨에 굵은 빗줄기까지 하염

없이 내리고 있었다. 이번 여행 중 이집트와 그리스에서는 비를 만나지 않았지만 터키의 일기예보에 의하면 금주 내내 비가 온다고 하니 걱정이 앞선다.

아타튀르크 국제공항의 터미널 출구에서 지하철 공항 역으로 연결되는 환승구가 나온다. 5분 정도 걸어서 메트로 하바아라느(공항역)에 도착하여 술탄아흐메트Sultanahmet까지 가는데 중간 역인 제이틴부르누에서 트램을 갈아타며 어렵게 찾아갔다.

이스탄불은 서아시아 보스포러스Bosphorus 해협 서안에 있으며 옛 이름은 콘스탄티노플로 인구 900만의 이스탄불 주의 주요 도시이며 터키의 문화, 교통, 경제, 학술, 관광의 중심지이다. 서기 330년 5월 11일 로마의 유명한 콘스탄틴 대제가 수도를 로마에서 비잔틴으로 옮기고 '콘스탄틴의 도시'라는 뜻의 콘스탄티노플로 바꾼 것이다. 그 후 1,000년이 지난 후에 다시 오스만 제국의 수도가 됨으로서 현재의 이스탄불이라는 이름을 얻게 되었다.

이스탄불은 길이 약 30km의 보스포러스 해협을 사이에 두고 유럽 지구와 아시아 지구로 나뉘어진다. 동서 문명의 경계인 보스포러스 해협을 높다랗게 가로지르는 보스포러스 대교와 메흐메트 대교가 바로 가교 역할을 한다.

오랜 역사를 지닌 이스탄불에는 사적과 유서 깊은 건축물이 많다. 특히 옛 시가지에는 톱카프 궁전과 아야소피아 박물관, 블루 모스크, 쉴레이마니에 모스크, 와렌스 수도교 등이 있으며, 옛 시가지의 서쪽을 경계 짓는 비잔틴 시대의 성벽 일부가 남아 있다.

또한 골든혼에 가설된 갈라타 다리와 아타튀르크 다리를 통하는 북쪽의 신시가지에도 제노바인 거류지의 흔적이 남아 있는 곳들이 있다. 이른바 갈라타 탑, 케말 피샤가 집무 중 사망한 곳으로 유명한 도르마마흐체 궁전 등이 있다.

옛 시가지에 있는 전통적인 상업지구인 그랜드 바자르는 장대한 규모로 유명하지만 골든혼 북쪽의 신시가지에도 탁심 광장과 이스티클라르 거리 등 번화했던 상업지구가 있다. 옛 시가지에는 고고학 박물관, 고대 오리엔트 박물관, 이슬람 미술 박물관, 이스탄불 대학 등이 있다.

블루 모스크의 전경과 모스크 안마당

술탄아흐메트 지역은 구시가지 역사지구로서 이스탄불 관광의 중심지역으로 많은 여행자들이 주로 이곳에 머문다. 한국인 교포가 경영하는 동양 호스텔 지하층 한 룸에는 2층 침대가 5개 들어 있는 10인용 도미토리가 1박에 7달러란다. 투숙객은 인터넷을 무료로 사용할 수 있고, 한국식 조반을 3달러에 제공한다. 샤워장과 화장실은 공동으로 이용해야 하는데, 물도 잘 나오지 않았다. 숙소가 지하층이라 공기도 탁

터키 비자

터키에서 관광이 목적이면 3개월 이내를 머물 경우 비자는 필요 없다. 입국카드도 적을 필요가 없다.

터키 통관검사

터키의 입국 심사는 그렇게 까다롭지 않다. 단 예방접종 증명서는 다른 오염지역을 경유해 입국할 때 필요하며, 골동품을 가지고 입국할 때에는 여권에 기입해야 한다. 또한 터키는 문화재 보호 차원에서 고미술품의 국외 반출을 엄격히 금지하고 있으므로 출국할 때 짐 검사를 한다. 기념품은 구입한 상점에서 고미술품이 아니라는 증명서를 주므로 반드시 챙기고 세관이 물어보면 보여주는 게 좋다.

터키의 화폐와 환전

2005년부터 구통화 터키리라에서 신 터키리라로 바뀌었다. 2006년부터는 신 터키리라(YTL)만 유통되고 있다. 그런데 신 터키리라는 한국에서 구입할 수 없다. 터키에 갈 때는 US$ 혹은 유로현금을 가져가도록 하자. 터키 내의 은행, 호텔 등에서 신 터키리라로 바꿀 수 있다.

Entry tip

하고 숙박료도 비싼 편이다. 하지만 비가 많이 내리고 움직이기도 싫어서 그대로 하룻밤을 머물기로 했다.

저녁에는 메인 광장으로 나가 빗속의 아야소피아 궁전과 술탄아흐메트 자미(블루 모스크)의 야경을 먼발치에서나마 바라본다. 저녁식사로 이스탄불의 명물이라는 고등어 케밥을 먹어보기 위하여 에미뇨뉴 항구로 나갔다. 억수로 쏟아지는 빗줄기 속에 우산을 사서 받쳤지만 세찬 바람에 뒤집어져 옷은 완전히 젖어 물에 빠진 생쥐꼴이 다 되었다.

포장마차에서 파는 고등어 케밥은 바게트 사이에 구운 고등어와 야채샐러드를 넣고 레몬 즙을 뿌려 샌드위치처럼 만든 것이다. 약간 비린내가 나는데다 양파와 마늘까지 넣어 비위가 약한 사람이 먹기엔 무척 역겨운 정도이다. 케밥 하나에 2YTL(터키리라)를 주고 길거리에서 비를 맞으며 먹는 모양이 영락없는 거지꼴이리라.

별 맛도 없는 케밥을 먹으려고 항구까지 나온 자신을 원망하며 빗물인지 눈물인지 울컥하는 심정으로 숙소로 돌아와 내일을 준비하며 잠자리에 들었다.

아야소피아의 감동 _{열여덟째날}

　　　　　　　　모처럼만에 숙소에서 가까운 토프카프 궁전
정원(귈하네 공원)으로 아침 산책을 나갔다. 토프카프 궁전 아래쪽에 있는
아담한 공원으로 지금은 이스탄불 사람들의 휴식 공간으로 이용되고 있다.
높은 나무 가지의 여기저기에 새들의 보금자리를 만들어 놓음으로써 자연
상태를 보호하려는 이곳 사람들의 마음을 읽을 수 있을 것 같다.

　귈하네 공원 끝자락에는 여성의 평등권을 주장하며 부르카를 벗게 하여
터키의 영웅으로 추앙 받고 있는 초대 대통령 아타튀르크의 동상이 보스포
러스 해를 주시하고 있다. 이스탄불도 우리나라의 겨울 날씨처럼 보스포러

스 해안에서 불어오는 매서운 해풍이 여행자의 옷깃을 꽁꽁 여미게 한다.

이스탄불은 1,670여 년이나 된 유서 깊은 도읍지로 역사적 볼거리가 많아 관광객들을 매료시키기에 충분한 관광도시이다. 오늘부터 이스탄불을 효과적으로 관광하기 위해서는 구시가지와 신시가지로 나눠보는데, 구시가지에 있는 아야소피아 박물관, 토프카프 궁전, 블루 모스크(술탄아흐메트 자미), 지하 궁전, 쉴레이마니예 자미, 그랜드 바자르 등을 먼저 돌아볼 생각이다.

오전에 세계 8대 불가사의 중의 한 건물로 꼽힌 아야소피아Ayasofya 박물관을(입장료 : 15YTL) 찾아갔다. 톱카프 궁전과 블루 모스크 사이에 있는 아야소피아는 '신성한 지혜' 라는 뜻을 가진 비잔틴 건축의 최고 걸작일 뿐만 아니라 예술성이 매우 뛰어난 현존하는 가장 오래된 사원이다.

원래 이 사원은 325년 콘스탄티누스 1세가 건축을 시작하여, 360년 콘스탄티누스 2세 시대에 완성되었다. 532년 황제에 대항하여 일어난 니카 혁명 기간 동안 아야소피아는 반란군에 의해 초토화되었으나 유스티니아누스 황제는 니카 혁명을 무자비하게 진압하고 현재의 아야소피아를 세우고자 당대의 가장 유명한 건축가 겸 수학자인 안테미우스와 이시도루스에게 모든 것을 맡겼다.

건축 자재로는 제국 전역에서 가장 좋은 것만을 골라 썼는데 심지어 고대

아야소피아 박물관

신전의 기둥과 조각 등이 운반되었다. 대리석 하나만 해도 백색은 프로코넷
소스, 녹색은 테레시아, 금색은 리비아, 분홍색은 프리기아, 아이보리색은
카파도키아의 것을 썼을 정도이다.

　여러 차례 지진과 폭동 및 화재로 소실되었다가 537년에 유스티니아누스
황제의 명으로 비잔틴양식의 대성당이 복원되었다. 그 후 비잔틴제국이 끝
나는 762년까지 기독교 본부로 사용되다가 서로마의 카톨릭과 분리된 이후
에는 그리스정교의 총본산으로 군림했다.

　그러나 1453년 콘스탄티노플이 오스만 투르쿠제국에 의해 멸망하면서 술

아야소피아 박물관 내부의 돔과 기둥, 샹들리에

탄 메메트 2세에 의해 성당이 회교사원으로 바뀌어 약 500년 이상을 모스크로 사용했다. 처음 복원 당시 로마 건축 양식에 오스만 투르쿠제국에 의해 외부에 4개의 첨탑을 세운 모스크 양식이 부조화의 조화를 이루고 있다. 1935년 터키의 초대 대통령 아타튀르크의 명령에 따라 대규모 복원작업으로 회칠을 벗겨내자 그토록 찬란한 비잔틴 모자이크 벽화들이 세상에 모습을 드러내게 되었다.

아타튀르크는 이곳에서 모든 종교의 식을 금지하고 박물관으로 일반에게 공개하고 있으며 현재는 이스탄불을 상징하는 대표적 건축물이 되고 있다.

성당 본체는 동서 77m, 남북 71.7m로 거의 정사각형에 가깝다고 할 수 있다. 중앙에는 높이 54m에 지름 32.96m의 큰 돔이 자리하고 있다. 아야소피아의 헌당식이 있던 날 유스티니아누스 황제는 제단으로 올라가 이렇게 외쳤다고 한다. "솔로몬이여, 우리는 당신을 이겼노라"라고.

이는 단지 성전건축의 기술만이 아니라 아야소피아의 예술성도 말해주고 있는 것이다.

아야소피아의 중앙 돔이 자아내는 엄숙함과 긴장감은 채광창 아래 많은 아치 선의 기묘한 엇갈림으로 완화되며 내부로 들어가면 원형의 덮개가 공간에 떠 있는 듯한 느낌을 준다. 아야소피아의 외관도 내부에 못지않다.

지상에서 위로 부풀어 오른 듯한 모습은 위압감을 주지 않아 좋다. 자연스럽고 조금의 틈도 주지 않는 절묘한 조화는 광장에 비치는 봄볕과 같은 따뜻함이 느껴질 정도다.

1층의 큰 벽에는 아라비아어로 '알라'와 '마호메트'라고 쓴 둥근 판이 걸려 있어 모스크로 사용되었음을 알 수 있다. 그러나 2층 복도의 윗부분에 지워지다 만 성화는 이곳이 교회당이었음을 보여주고 있다.

아야소피아에 있는 비잔틴 모자이크는 벽화나 바닥장식으로 다양한 색채의 대리석, 보석, 색유리, 금 · 은박 유리 조각들을 촘촘히 박아 회반죽을 바른 바탕 위에 채워가면서 그려 나가는 기법이다. 사원의 내부에는 비잔틴 문화를 상징하는 다수의 모자이크 벽화가 남아 있다. 그 중에서도 그리스도를 품에 안은 성모 마리아의 모자이크 벽화나 유스티니아누스 대제가 화려하게 묘사된 그리스도 좌상은 특히 유명하다. 이러한 모자이크화가 온 성당을 뒤덮고 있는 것이 아야소피아다.

아야소피아에 있는 모자이크 화의 백미는 누가 뭐래도 남쪽 복도 계단 서

아야소피아 박물관의 모자이크 벽화

쪽에 있는 성화이다. 유감스럽게도 이 모자이크 화는 아랫부분이 소실되었다. 중앙에는 예수 그리스도, 왼쪽에는 성모 마리아, 오른쪽에는 세례자 요한이 그려져 있다. 그 중에서도 예수 그리스도의 얼굴이 너무도 인간적이다. 따뜻한 미소를 머금은 예수그리스도의 얼굴은 범하기 힘든 위엄까지도 함께 갖추고 있어 그 앞에 선 사람들을 압도하면서도 축복하는 듯하다.

2층 왼쪽 끝 부분의 모자이크 벽화는 조이 여왕이 16세 때 결혼한 첫 남편의 얼굴과 자신을 새겼으나, 40대에 남편이 죽자 두 번째 남편의 얼굴과 이름으로 바꾸고, 60대에 다시 세 번째 남편으로 바꾸어 첫 번째 남자의 몸에 세 번째 남편의 늙은 얼굴이 새겨져 있다. 또한 그때의 그녀에 대한 흉흉한 민심을 반영하여 예수의 눈이 그녀를 노려보고 있다고 하는 설명을 들었는데 이는 패키지 팀을 따라 다니며 귀동냥으로 들은 이야기이다.

장난삼아 세 번째 남편의 얼굴을 나의 얼굴로 가리고 기념사진을 한 장 찍으면서 아야소피아의 내부를 이곳저곳 살펴보았다. 특히 모자이크 벽화를 만지면 시력이 좋아진다, 자손이 복을 받는다, 소원이 이루어진다는 등의 속설로 인해 훼손된 부분이 많았다.

술탄아흐메트 1세는 기독교의 아야소피아 사원 맞은편 약 200m 거리에 이슬람의 블루 모스크Blue Mosque를 아야소피아보다 더 큰 규모로 짓도록 명령했다. 이 사원은 위대한 건축가 시난의 제자였던 메흐메트 아가에 의해 1609년 착공하여 17년 만에 완성된 오스만제국을 대표하는 고전 건축물이 되었다.

블루 모스크의 정식 명칭은 '아흐메트 1세의 모스크'이고 모스크 내벽을 장식한 타일이 푸른색이어서 붙여진 이름이다. 이스탄불의 가장 높은 지역에 위치하고 있어 보스포러스 해협이 한눈에 들어오고 멀리에서도 그 장대한 돔과 미너렛(첨탑)을 볼 수 있다.

대칭적 구성을 한 웅대한 중앙회당식 예배당과 넓은 뜰이 있다. 4개의 대

돔과 첨탑

모스크 건축의 가장 큰 특징인 돔은 완만한 선이 의미하듯이 평화를 상징한다. 돔의 끝은 보통 초승달로 장식하는데, 초승달은 샛별과 함께 이슬람의 대표적인 상징이며 '진리의 시작'을 의미한다. 또 다른 특징인 첨탑은 기능 면에서 두 가지 역할을 하고 있다. 하나는 하루 다섯 차례의 예배 시간을 알리기 위해 '뮈에진'이라고 불리는 사람이 이 첨탑 위에 올라가 '아잔'을 외치기 위해, 또 하나는 이방인들로 하여금 그 지방의 모스크 위치를 쉽게 알려주기 위함이다.

리석 기둥이 받치고 있는 지름 23.5m의 큰 돔은 넓은 공간을 만들어 많은 사람들을 수용할 수 있다. 넓은 홀에서 위를 올려다보면 높은 천장이 독특한 분위기를 풍긴다.

돔에는 260여 개의 작은 창이 있어 스테인드 글래스를 통해 들어온 빛이 실내를 밝게 비추고 있다. 내벽은 21,000여 장의 청·녹·홍·흑색의 화려한 타일로 다양한 문양의 꽃나무와 과일을 표현해놓고 있는데 이 모스크의 가장 아름다운 부분 중의 하나가 바로 이 회랑이다.

전통적인 터키 양식의 사원 건축물로 세계에서 유일하게 인공위성 발사대 모양의 첨탑 6개가 있는 모스크이다. 블루 모스크와 아야소피아 박물관이 마주보는 중간에 넓은 정원이 아름답게 꾸며져 관광객은 양쪽을 오가며 기념

블루모스크의 전경

사진 찍기에 여념이 없다. 또한 이스
탄불 시민들의 좋은 휴식 공간이며
블루 모스크 앞쪽에는 야외 좌석이
마련되어 종교적 행사와 여름에는 나
이트 쇼도 열린다고 한다.

블루 모스크에서 오른쪽 게이트로
나가면 오벨리스크가 있는 광장이 보
인다. 이 광장은 로마 시대의 경기장
으로 전차 경기가 열렸던 곳이다.

십만 명의 관객을 수용할 수 있었
던 히포드롬Hippodrom은 비잔틴 제
국의 수도에서 발생한 각종 정치 분
쟁과 폭동의 주된 배경이다. 최초의
히포드롬의 건설은 서로마 황제 셉티
무스 세베루스의 통치 때 시작되었고
100년 후 콘스탄티누스 대제 때 완성
되었다.

이곳에 있던 각종 기둥, 돌 등은 블
루 모스크의 건축 자재로 사용되었고
지금은 3개의 기념 기둥과 우물 하나

이집트 카르나크 신전에서 가져온 오벨리스크

청동으로 만들어진 미완성 오벨리스크

만 남아 있어 '아트 메이단(말의 광장)' 이라고 부르며 축제일에는 다양한 행사가 열린다. 가장 남쪽에 있는 25.6m의 부조를 새긴 화강석의 오벨리스크는 이집트 나일강 가에 있는 카르나크 신전에서 테오도시우스 황제가 자신의 위업을 기리기 위하여 가져온 것이다. 중앙에 있는 8m 높이의 청동제 뱀 기둥은 그리스 델피의 아폴로 신전에 만들어진 것을 콘스탄티누스 1세가 가져왔다. 마지막 미완성 오벨리스크는 콘스탄티누스 7세 때 만들어진 것이다.

이스탄불의 날씨는 도착해서부터 계속 비가 내리고 있어 유적지를 찾아다니며 기념사진 한 장 촬영하기도 쉽지 않다. 정해진 일정 때문에 비가 많이 온다고 한가롭게 호텔에 머물러 있을 수는 없어 이스탄불 대학과 쉴레이마니에 모스크를 찾아 나섰다. 이스탄불 대학의 정문 앞 광장 우측에 베야지트Beyazit 사원이 있다. 술탄 베야지트의 명에 의하여 1481~1512년에 건축된 모스크로서 화려한 반암과 화강석으로 만들어진 20개의 기둥이 받치고 25개의 돔으로 둘러싸여 있다. 그곳 정원의 한 가운데는 샤드르반(회교들이 기도하기 전에 손발을 닦는 우물)이 있다.

붉은색 정원과 흰색의 아치와 바닥에 깔린 대리석, 본당으로 들어가는 화려한 정문, 메카 방향을 향해 예배를 드리는 미흐랍mihrab(메카를 향해 기도하기 위한 벽면) 맞은편에는 왕관과 비문이 새겨진 종유석 장식품으로 꾸며져 있다. 사원의 남쪽과 북쪽 끝 부분에 세워진 발코니가 있는 두개의 첨탑간의 거리는 87m로 첨탑 표면에 있는 8개의 빨간 줄은 사원의 아름다움을 더욱 돋보이게 한다. 중앙 돔의 동쪽과 서쪽에 있는 반원형의 돔은 각 코너에 있는 4개의 커다란 주 기둥과 반암 기둥이 받쳐주고 있다. 중앙의 돔과 반원형의 장식은 천을 염색한 것 같이 보이며 무늬는 오스만(오토만)의 조상인 유목민족 투르쿠만의 텐트 문양과 비슷해 보인다. 돔에 새겨진 오스만의 글씨와 음각은 사원의 아름다움을 한층 돋보이게 하며 대리석으로 만들어진 술탄의 기도실은 대단히 우아하다.

베야지트 사원과 '이스탄불 대학' 정문 중간 광장에는 노천 골목시장이 형성되어 이슬람의 종교적인 풍습과 관련된 이색적인 물건들이 많이 보인다. 풍물시장을 여기저기 헤집고 다니다보면 일반 서민들의 삶을 가슴으로 느낄

수 있다. 노점상들이 지나가는 손님의 시선을 끌려고 손뼉을 치며 부르는 소리가 마치 한국의 남대문 시장 노점 상인의 모습을 연상케 한다.

이스탄불 대학은 정문이 예술적으로 아름답게 건축되어 대학 정문이라기보다는 안으로 들어가면 어떤 신성한 미지의 세계로 인도할 듯한 느낌이 든다. 조용한 공원 안에 대학이 자리하고 본관 건물 앞 중앙에 혁명의 깃발과 횃불을 높이든 교수와 남녀 학생의 조각 동상이 서 있고 약간 떨어진 곳에 서울타워 같은 연구용 원형 첨탑이 높이 솟아 있다.

이스탄불 대학은 터키의 종합 대학으로 1453년 오스만제국에 의해 창설되었으며, 현재의 대학은 1946년의 대학 법에 따라 재조직된 것이다. 공비公費에 의해 운영되고 있으나 대학 자치 원칙으로 되어 있다.

1973년에 대학법이 개정되어, 대학정책의 기본은 전국 차원의 고등교육심의회에서 입안하고 있다. 2학기제로 학기의 시작은 11월이며 수업연한은 4 · 5년이다. 종합대학으로서 문학부 · 이학부 · 법학부 · 경제학부 · 임학부 · 의학부 · 약학부 · 치의학부 · 화학부 · 경영학부 · 외국어학부 등 11개 학부가 설치되어 있다.

쉴레이마니에 모스크

이스탄불 대학 오른쪽의 복잡한 시장 골목을 따라가다 보면 유명한 쉴레이마니에 모스크Sulemaniye Camii가 나온다. 거대한 돔과 4개의 날카로운 첨탑을 지닌 이 사원은 이스탄불에서 두 번째로 큰 규모이지만 가장 예술성이 뛰어난 모스크란다.

오스만 제국의 10번째 술탄으로 30년 동안을 통치한 쉴레이만 1세는 헝가리 전투에서 승리하고 돌아와 당대 최고의

건축가 시난 에게 가장 웅장하고 거대한 모스크를 짓도록 명령하였다고 한다. 모스크의 건립 공사는 1550~1557년까지 7년에 걸쳐 시난의 최고의 건축공법으로 중앙의 4개의 돔을 유지할 수 있도록 지어졌다.

모스크는 24개의 대리석과 화강암으로 된 원주가 28개의 돔을 떠받들고 있으며 모서리에는 4개의 첨탑과 10개의 발코니가 있다. 일설에 의하면 4개의 첨탑은 쉴레이만이 이스탄불을 점령한 4번째 왕을 뜻하며, 10개의 발코니는 그가 오스만제국의 10번째 통치자임을 나타내는 것이란다. 가로 59m, 세로 58m, 직경 26.5m의 돔을 53m 높이로 올려 동쪽과 서쪽에 있는 두 개의 작은 돔과 결합되어 균형을 이루고 내부 장식도 매우 아름답다.

모스크 정문에는 '알라 외에는 신이 없다. 모하메드는 그의 예언자이다' 라고 적혀 있다. 내부의 미흐랍과 설교단은 대리석에 아름다운 조각을 새기고 주변을 16세기의 뛰어난 이즈닉 타일로 장식되어 있다. 스테인드 글래스 창문은 내부로 흘러들어오는 빛으로 더없이 아름다웠다.

모스크 정원에는 술레이만과 그의 러시아 왕비인 록셀란의 묘가 있으며,

건축가 시난

미말 시난Mimar Sinan(1489~1588)은 오스만 제국 시대의 중요한 건축물을 설계한 당대 최고의 건축가로 서구의 미켈란젤로와 레오나르도 다빈치와 비견되기도 한 인물이다. 그는 생전에 쉴레이마니에 모스크를 비롯하여 81개의 대형 모스크, 50개의 소규모 모스크, 55개의 대학 건물 등 수많은 건축물을 남겼다. 이스탄불의 주요 건물들은 모두 그와 그의 제자들의 작품이라 해도 과언이 아니다. 그의 독특한 건축 공법은 인도의 이슬람 건축에도 많은 영향을 미쳤다고 한다.

일생동안 400여 개의 건
축물을 설계한 위대한 건
축가 시난의 영묘도 함께
있다.

터키 어느 곳을 여행하
더라도 크고 작은 이슬람
사원의 모스크를 많이 볼
수 있다. 건축에 전문성이
없으므로 어느 모스크가
가장 아름답고 예술성이
뛰어난지 평가를 할 만한
안목을 지니고 있지 못하
다. 다만 인간이 만든 건
축물 앞에서 감탄하며 옷

그랜드 바자르의 입구

깃을 여밀 뿐이다. 천년을 드러낸 세월이 중요한 것이 아니라 오직 역사는
그 유적으로만 말할 뿐이다.

이스탄불 대학에서부터 도보로 베야지트 사원과 슐레마니에 모스크를 거

다양한 도기 접시와 금세공품

쳐 그동안 소문으로만 들었던 그랜드 바자르Grand Bazzar까지 왔다. 동방에서 뻗어 나온 실크로드의 종착지로 오스만 투르쿠 시절에 세계 각국의 선박과 무역상들이 들어와 활발한 거래가 이루어졌던, 세계에서 가장 큰 바자르이다. 현재는 세계적으로 재래시장이 많이 사라지고 있어 신기한 풍물 중의 하나이다. 이곳은 세계의 여행자들에게 각광을 받고 있는 곳이다. 재래시장에서는 '선연한 옛 것이' 새로운 시대의 삶 속에서 재조명되어 오늘을 사는 우리들에게 새로운 삶의 지표를 제시하고 있다.

그랜드 바자르는 다양한 기존 상업 지역들을 통합하여 하나로 재편한 술탄 마호메트 2세에 의하여 1461년에 처음 건설되었다. 그 후 몇 차례 화재 후에 재건축을 해오다 지금에 이르고 있다.

그랜드 바자르는 지붕이 있는 시장이라는 의미로 시장 내의 둥근 아치형

그랜드 바자르의 아치형 천장

천장이 인상적이다. 6만여 평의 면적에 약 5천여 개의 크고 작은 상점들이 입주해 있다. 규모도 엄청날 뿐만 아니라 수많은 골목들이 미로처럼 얽혀 있기 때문에 자칫하면 길을 잃어버리기 쉬워 상점 번호를 잘 보며 다녀야 한다. 과거에는 향신료와 동양에서 온 비단제품이나 여자 노예가 인기 상품이었는데 세월이 변하여 현재는 카펫, 보석, 의류, 도자기 같은 터키의 특이한 문화 제품이 주로 거래되고 있다.

바자르의 중앙로인 칼파칼라는 보석 가게가 밀집되어 있는 지역으로 진열장 안에는 화려한 조명을 받은 진귀한 금 · 은 · 보석들이 가득 차 있어 보는 것만으로도 즐거움을 주는 곳이다. 정말로 없는 것 빼고는 다 있는 곳으로 구경거리가 많지만, 주로 관광객들을 상대로 상인들이 처음부터 가격을 올려 부르기 때문에 관광객들은 보통 반값부터 흥정을 시작해야 한다는 생각이 든다. 쇼핑도 관광의 한 부분으로 자리 잡았을 정도인데, 흥정하는 과정에서 끈질기게 치근거리는 능글맞은 상인들이 많아 성질 급하면 항상 당한다. 구입하고 싶은 물건을 미리 점찍어 몇 군데 상점을 돌아보며 가격을 비교한 후 흥정을 하되 비싸면 이집션 바자르를 이용하는 것이 유리하다.

그랜드 바자르 후문을 나와 좁은 길을 따라 내려가면 예니 모스크Yeni Camii 뒤쪽에 재래시장 이집션 바자르Egyptian Bazaar가 나온다. 1660년, 이집트인들이 바친 조공으로 세웠기 때문에 이집션 바자르라고 부르며, 또한 과거에 향신료를 많이 팔았기 때문에 '스파이스 바자르Spices Bazaar'라고 부르기도 한다.

그랜드 바자르에 비해서 시장 규모는 작지만 가격이 저렴하여 현지 일반 서민과 여행자들이 이집션 바자르를 많이 찾아오고 있다. 그러나 이곳도 경우에 따라서 관광객들에게는 2~3배의 바가지를 씌우기도 하니 물건을 살 때는 주의해야 한다.

이집션 바자르에서 나왔을 때는 사방에 어둠이 깔려오며 전등불이 하나둘씩 들어오기 시작하더니 급기야 에미뇨뉴 항구가 불야성을 이룬다. 비가 오는 가운데 하루 종일 구시가 지역 내에 있는 유적지와 관광지를 강행군하다 보니 피곤함이 밀려온다.

에미뇨뉴 부두와 카라쾨이 부두를 연결하는 갈라타 다리가 놓여 있다. 금각만에 걸려있는 1845년의 목재다리와 1912년에 건설된 두 번째 갈라타 다리는 2층 다리로 아름답게 조화를 이루고 있다. 오랜 세월 동안 이스탄불의 상징으로서 시민들이 밤에도 많이 나와 낚시하는 모습을 여기저기서 볼 수 있었다.

다리 아래의 거리에는 레스토랑과 카페가 있어 저녁식사를 하려고 안으로 들어가니 종업원이 2층으로 안내를 한다. 부두에는 몇 척의 페리호가 정박해 있고 크고 작은 유람선들이 오색등을 밝히고 보스포러스 해협을 오가며 주변 모스크들과 한데 어울려 아름다움을 연출한 야경에 넋을 잃었다.

술탄의 정원, 토프카프 궁전

토프카프 궁전The Topkap Saray은 오스만 제국의 24명의 술탄(황제)과 그의 가족들, 그리고 궁녀와 하인들이 1478~1853년까지 약 400여 년간 사용하였던 궁전으로 정치와 문화의 중심지였다. 가장 뛰어난 비종교적 건물로 손꼽히며 소장된 유물이 8만 6천여 점으로 세계적인 박물관으로서의 명성을 얻고 있어 연중 250만여 명의 관람객이 찾아올 정도로 유명한 볼거리이다.

1453년 콘스탄티노플을 정복한 오스만 술탄 마흐메트는 처음에는 그랜드바자르 근처의 베야지트 지역에 조그마한 궁전을 세워 머물다가 고대 동로

마 도시의 폐허 위에 토프카프 궁전을 건축했다. 그 후 술탄들은 19세기까지 새로운 건축물들을 증축하고 화려하게 장식하면서 계속 궁전을 넓혀 나갔다. 궁전의 원래 명칭은 '사라이 제디데이 아미레'였으나 궁전 정문 앞에 있는 거대한 대포 때문에 국민들은 '토프카프(대포문)'라고 불렀고, 지금은 이 명칭이 궁전을 일컫는 말이 되었다.

토프카프 궁전은 금각만과 마르마라 해를 마주하고 보스포러스 해협이 내려다보이는 언덕 위에 세워져 있다. 거의 5m에 달하는 성벽으로 둘러싸인 이 궁전은 전체 면적이 70만㎡(약 21만 평)로 크기로는 바티칸의 두 배이며

토프카프 궁전과 제국의 문

모나코의 절반 크기이다.

비잔틴 시대에 축조된 해안성벽을 따라 둘러싸인 도시 성벽과 내륙에 있는 성벽은 모두 오스만 시대에 복구된 것이다. 바다 쪽에 3개의 입구가 있고 내륙 쪽에는 4개의 입구가 있다. 왕족, 지배계급, 하인 및 군인 등 약 5천여 명이 거주했던 이 궁전에 요즘에는 하루에 5천여 명의 관람객이 방문한다. 궁전에 있는 대부분의 건물들은 16~17세기에 자주 발생한 지진과 화재로 파괴되기도 했지만 그때마다 새로 복구되었다. 이 때문에 15~16세기까지 서로 다른 시대의 서로 다른 건축 양식이 도입된 건물들이 섞여 있다.

아야소피아 오른쪽의 도로를 따라 5분 정도 걸어가면 첫 번째 정원에 있는 티켓 판매소를 지나면 궁전의 두 번째 정문인 바부스 셀람(예절의 문)을 지나게 되는데 궁전 방문은 이곳에서부터 시작된다.

마흐메트 2세의 통치 기간 중 만들어진 이 문은 중앙 문이라고도 불린다. 우리나라에서는 예절의 문을 모방하여 과천 서울대공원에 세워 놓고 있기도 하다. 1524년 쇠로 만들어진 이 문의 왼쪽 탑은 오스만 시대에 범죄를 저지른 고위 관리들의 감옥으로 사용되었다. 이 문 앞에 있는 우물에서 사형수를 처형한 후 그들의 손과 칼을 닦았다는 이야기도 전해지고 있다. 토프카프 궁전의 구조는 4개의 공간으로 구분되는데 보통 첫 번째 정원, 두 번째 정원, 세 번째 정원, 네 번째 정원이라고 부르고 있다.

제국의 문을 들어서는 첫 공간이 첫 번째 정원으로 사이프러스 나무와 플라타너스 나무로 꽉 차 있어 대제국의 왕궁이라기보다는 소박한 성주의 정원처럼 느껴지며 지금은 이스탄불 시민들의 안락한 휴식공간으로 개방되어 있다.

두 번째 정원 안으로 들어가면 토프카프 궁전의 메인 전시관이 있다. 오른쪽 전시관에는 술탄들이 사용했던 각종 무기를 비롯해서 장신구, 도자기, 의복 등 세계 각국에서 보내온 선물들이 전시되어 있다. 이중 여행자들에게 가장 관심을 많이 끄는 곳은 보석관으로 세계에서 세 번째로 큰 86캐럿 짜리 다이아몬드와 커다란 에메랄드가 박혀 있는 단검 등이 전시되어 있다. 그리고 도자기 전시관에는 중국의 청자와 백자를 비롯하여 일본, 유럽의 각종 자기와 은제품 등이 많이 전시되어 있다. 또한 회교관에는 마흐메트가 사용하던 칼, 활, 의복, 머리털 등이 전시되어 있다.

토프카프 궁전의 하이라이트는 하렘 Harem(여성의 방)이다. 이는 술탄의 여인들이 기거하던 방으로 술탄 외의 남자는 들어갈 수 없었던 폐쇄적인 공간이다. 지금도 하렘은 가이드 투어를 통해서만 일부 방이 공개되고 있다. 오스만제국의 전성기에는 400여 개의 방과 1,500명의 후궁들이 이곳에서 거주했다고 한다. 하렘에서 제일 먼저 보게 되는 것이 하렘의 여인들을 지키던 환관의 방이다. 그리고 술탄의 어머니가 기거하던 방과 왕비가 살던 방이 나온다. 잘 보존된 대리석 욕조와 화려한 문양으로 치장된 이곳에서 이슬람 건축의 정수를 느낄 수 있다. 하렘의 커다란 매력은 서로 다른 시기에 제작된 도자기의 종류와 그 형식의 다양함에 있다. 하렘이 특히 아름다운 까닭은 마음대로 밖으로 돌아다닐 수 없었던 술탄과 그 여인들이 내부를 치장하는 데 유달리 신경을 썼기 때문으로 보인다.

세 번째 정원으로 들어가는 문을 '지복문' 이라 하며 궁전에서 가장 중요한 행사들이 이곳에서 열렸다. 국가 행사시에는 장관들은 이 문을 통과해야 황제의 접견실에서 청원을 올릴 수 있었기 때문에 '청원의 문' 라고도 한다. 한

하렘

하렘은 술탄의 여인들이 있었던 방으로 관능적이고 쾌락적인 성性을 대변하기도 하지만 그곳은 술탄의 어머니가 사는 곳이기도 했다. 하렘은 첫 번째부터 네 번째의 처까지 살고 있는 곳과 그 외의 첩들이 사는 곳으로 나뉘어져 있다. 네 명의 처는 자신의 주소와 하인을 소유하고 생활도 보호되었으나 그 외의 첩들은 그러지를 못했다. 때문에 자신의 위치를 좀더 공고히 다지기 위해 서로 죽고, 죽이는 치열한 암투가 벌어졌던 피비린내 나는 곳이기도 하다.

때 세계 최강의 제국이었던 만큼 황제의 접견실의 화려함은 극에 달한 느낌이다.

접견실 입구에는 하나의 수도꼭지가 보인다. 그 용도는 황제를 알현하는 사람들의 청결을 위해 손을 씻기 위함이 아닐까 싶지만 그것이 아니다. 황제와 접견자의 대화 내용을 외부 사람들이 듣지 못하도록 수도꼭지를 열어 물소리를 내도록 설치된 일종의 보안 장치

토프카프 궁전의 수도꼭지

라고 한다. 접견실 벽에 장식된 노랑과 녹색, 청색 타일은 오스만 제국 타일 예술의 아름다움을 보여주고 있다.

네 번째 정원에 들어가는 곳에는 출입문이 없다. 특별히 이 정원의 출입은 술탄의 가족과 가까운 고위 관료들에게만 제한되었기 때문이다. 이 정원은 벼랑과 성벽으로 둘러싸여 있기 때문에 보안이 잘 된 느낌을 주는 곳이다. 오른편에 보스포러스 해협이 보이는 아름다운 곳에 황제의 가족들이 식사를 했던 주방이 있다. 지금은 유럽과 아시아 두 대륙을 사이에 두고 지중해와 흑해 사이를 오가는 대형 선박들의 행렬이 장관이다.

400여 년 동안 토프카프 궁전 안에서 오스만 투르크 제국은 세계의 최강
국으로 막강한 국력을 자랑했다. 그러나 불행하게도 술탄들이 궁녀들과 환
락에 빠지면서 정사를 도외시하고 사치의 극치를 달린 결과 거대한 '오스만
투르크 호'는 아름다운 보스포러스 해협 속으로 침몰하는 비운을 맞이했다.
이러한 역사적 사실은 우리에게 시사하는 바가 매우 크다. 현대에도 똑같은
원리가 적용됨은 두말 할 필요가 없을 것이다.

지하궁전의 굴뚝과 입구

이스탄불 구시가지의 몇 곳에서 지
하 저수지가 발견되었다. 그 중에서
아야소피아 서쪽에 있는 지하 물 저
장고Yerebatan Sarayi는 562년 비
잔틴 제국의 유스티니아누스 황제에
의하여 건축되었다. 기둥과 천장의
장식이 화려하게 꾸며졌기 때문에 이
를 '지하 궁전Saray Palace'이라고
도 부른다.

이스탄불은 주변국의 공격을 자주
받았기 때문에 언제나 충분한 식수

문제를 해결하기 위하여 여러 개의 물 저장
고가 필요했다. 이스탄불로부터 20km 떨어
진 벨그라드 숲에서 수로를 통해서 끌어온
물을 이곳에 저장해 저수량이 8만 톤에 달했
다고 한다. 이곳의 규모는 길이 140m, 폭
70m, 높이 8m 정도이며 내부는 코린트 양
식의 기둥으로 받쳐져 있다. 원래 기둥도 28
개의 원주가 12줄로 모두 336개였지만 19세
기말에 90개가 없어져 지금은 246개만 남아
있다.

전해지는 바에 의하면 터키가 그리스를 정
복했을 당시 아테네에 있는 제우스 신전에서
기둥을 뽑아다가 지하 물 저장고를 만드는
데 사용했다고 한다. 저장고에 물이 가득 채
워지면 수압으로 둑이 터져 나갈 법도 한데
유지된 것을 보면 오늘날의 공법 못잖은 토
목 기술이 발달되어 있음을 알 수 있다.

지하궁전을 받치고 있는 메두사의 머리

흐릿한 조명 빛을 따라 어두운 열주 사이를 가면 지하의 물이 수증기로 증
발되어 천장에 이슬로 맺혀있던 물방울이 뚝뚝 떨어진다. 궁전의 안쪽 끝 부
분에 위치한 두 개의 '메두사'의 머리 주춧돌은 단연 이곳의 하이라이트이

다. 이 주춧돌은 가로누워 기둥을 받치고 있다. 주춧돌로 사용한 메두사 머리는 그리스 신전에서 가져온 것으로 보이는데 보수 공사를 하다가 2m의 진흙더미 속에서 발견되었다.

두 개의 기둥 밑에 깔려 있는 메두사의 머리 에 대해서 많은 역사학자들이 관심을 가지고 있는 것은 사실이지만 서로 상이한 해석을 하고 있다고 한다. 메두사가 세상을 비웃는 듯 묘한 웃음을 띠고 있어 보는 사람으로 하여금 섬뜩한 느낌을 갖게 한다.

이스탄불 시에서는 1985부터 1988년까지 지하 물 저장고의 대대적인 보수작업을 실시했다. 그 결과 요즈음은 깨끗하게 정리되어진 느낌의 모습으로 관광객을 맞이하고 있다. 관광이 계속되는 동안 열주 사이에 놓인 나무판

메두사의 머리

괴물 메두사는 고르곤 세 자매 중의 1명을 일컫는 말이다. 원래는 바다의 신 포세이돈이 한눈에 반할 정도로 출중한 미모의 여인이었으나 포세이돈과 사랑을 나눈 장소가 하필이면 근엄하기로 유명한 아테네의 신전이었다. 이들의 정사장면을 우연히 보게 된 아테네 여신은 신성한 자신의 신전에서 음란한 행동을 한 메두사에 격분해 그녀에게 저주를 내려 머리 한 올 한 올을 뱀으로 변하게 했다. 또 사람들이 한 번이라도 그녀의 얼굴을 보는 즉시, 돌이 되는 흉측한 괴물의 모습으로 만들었다. 지하저수조 물속에 거꾸로 세워져 있는 메두사 머리에 대해서는 분분한 의견이 있다. 일설에는 콘스탄티노플 시민들이 메두사의 상징을 너무 무서워한 나머지 민심을 안정시키기 위해 지하 저수조에 거꾸로 파묻었다고도 하고, 식수로 사용되는 물 저장소에 사악한 기운이 들지 못하도록 하기 위한 부적으로 사용했다고도 한다. 아니면 기독교라는 새로운 시대로 접어들면서 고대 신으로서의 역할과 권위가 사라진 것을 상징하는 게 아닐까하는 분석도 있다.

길 위로 희미한 조명과 은은한 배경음악이 흘러나와 마치 천상의 세계처럼 신비스러움이 느껴진다.

한국에서 '터키탕 Turkish bath'이라면 퇴폐업소의 대명사처럼 알려져 평소에 그렇게 좋은 이미지가 아니었다. 그렇다고 터키탕을 한 번도 가본 적도 없으면서 일방적인 선입견을 가지고 판단하고 있을 수는 없었다. '터키'하면 '터키탕' 아닌가! 이번 기회에 터키탕의 원조가 어떤 것인지 관심을 갖고 찾아 나섰다. 이른바 터키탕은 그랜드 바자르로 가는 중간지점에 있는데, 그 곳은 '쳄벌리타쉬 하맘'이라고 불리는 공동 목욕탕이다.

이슬람 경전에 '청결은 신앙의 절반'이라고 명기되어 있듯이 몸을 항상 청결히 유지하는 것은 매우 중요한 일이다. 그렇기 때문에 고대부터 독자적으로 목욕탕 문화가 발달해 왔다고 한다. 최근 이슬람 국가에서는 공동 목욕탕 문화를 찾아볼 수 없으나 터키에서는 영업을 하는 곳이 많이 있다.

입구에 들어서자 안내인이 나와 요금표와 게시된 서비스 내용을 설명해 주었다. 때를 밀고 마사지 요금을 포함해 20달러로 이스탄불 물가를 감안하면 비싸다는 느낌이 들었다. 안내원을 따라 2층 개인 탈의실로 들어가 옷을 벗

터키식 목욕탕 하맘

터키의 전통 증기 목욕탕은 로마 제국 시대에서 비잔틴 시대까지, 그리고 지금의 터키 사람들에게도 아낌없이 사랑을 받고 있다. 남녀 탕이 따로 있고 목욕용품을 가져올 경우엔 좀 더 저렴하게 이용할 수 있다. 물론 마사지도 해준다. 여행으로 지친 몸을 재충전하기에 좋으며 무엇보다 깨끗하고 사교적인 장소이다.

터키탕에서 타올을 두르고

고 타월을 두른 뒤 욕실로 들어갔다. 터키인들은 남자들 간에도 완전한 알몸을 보여주는 것을 꺼려 친구나 부자 간에도 몸을 가린다. 탈의실에서 옷을 벗고 큰 타월로 허리를 감고 탕으로 들어갔다.

탕의 내부 면적은 40여 평쯤 되어 보이고 가운데 5평 정도의 원형을 대리석을 깔아 우리나라의 한증탕처럼 따뜻한 대리석 바닥에 눕도록 되어 있다. 물을 받아 놓을 탕도 없으며 벽면에 수도꼭지가 설치되어 바가지로 받아서 쓰도록 되어 있다.

천장은 원형 돔으로 하늘을 향해 수증기를 환기시키는 구멍이 몇 개 뚫려 있다. 원형대리석 바닥에 누워서 열기로 땀을 흠뻑 낸 뒤 50대 남자 때밀이(케세지)가 비누로 온몸을 문질러 거품을 내고 마사지를 해주는 것이 전부이다.

최근에 여성 케세지가 줄고 중년 남자들이 때밀이를 하는 경우가 많다. 지극히 정상적인 목욕 방법이므로 조금도 이상하지 않아 오히려 무엇을 기대하고 있었던 것처럼 서운한 생각이 들기도 하였다. 여행 기간 동안 누적된 피로를 말끔하게 씻어내고 숙소로 돌아오는 길에 카페에 들러 저녁식사에 맥주 한 잔을 곁들이며 행복한 마음으로 하루의 일과를 정리했다.

눈부신 대리석의
도르마바흐체 궁전 <u>스무째날</u>

오늘은 며칠 동안 짓궂게 내리던 비가 개이면서 산뜻한 파란 하늘에 해님이 얼굴을 내민 가운데 신시가지에 자리 잡고 있는 도르마바흐체 궁전Dolmabahce Sarayi으로 향했다.

오스만 제국의 31대 술탄 압둘메지트Sultan Abdulmecit는 보스포러스 해협에 인접한 이곳을 새로운 궁전 터로 선택하여 아르메니아 건축가인 카라바트 발얀Karabet Balyan으로 하여금 궁전을 건축하게 하였다. 궁전은 1843년에 시작되어 13년 후인 1856년에 완성되었다. 이스탄불의 다른 궁전과 달리 대리석을 이용한 유럽식 바로크 양식과 오스만 양식을 접목시킨 웅

도르마바흐체 궁전의 정문과 측문

장하고 아름다운 건축물로 보스포러스 해협을 배경으로 멋진 경관을 연출해 내고 있다.

　도르마바흐체 사원은 궁전의 일부로 건축되었기 때문에 신성한 장소라기보다는 화려한 장식으로 꾸며진 궁전의 홀이 많다. 사원의 바닥은 커다란 사각형에 천정은 돔으로 되어 있다. 커다란 창문으로부터 들어오는 빛은 화려한 대리석 장식의 아름다움을 더욱 돋보이게 한

다. 사원 내부는 각종 디자인의 장식품으로 꾸며져 있으며 미흐랍과 설교단
은 유럽풍으로 장식되어 있다.

1890년 술탄 압듈하미트의 명령으로
건축가 사르키스 발얀에 의해 궁전 정문
앞에 세워진 시계탑은 높이가 27m인 4
층으로 세워졌다. 바닥은 대리석으로 되
어 있고 윗부분은 돌덩이로 만들어졌다.
탑의 사면 꼭대기에는 불란서 폴 가르너
의 시계와 오스만 제국 왕실의 상징인 엠
블럼이 있다.

궁전의 왼쪽은 세람르크Selamhk(남
자들의 거처하는 행정지역)이고, 중앙은
연회실인 그랜드 홀, 오른쪽은 하렘 등
세 부분으로 나누어져 있다. 세람르크의
기능은 토프카프 궁전의 두 번째 정원의
기능과 비슷하다. 즉 세람르크의 관리들
은 왕실 가족이 거주하는 하렘의 출입이
금지되었고 또한 하렘의 여자들과 아이
들도 세람르크에 출입할 수 없었단다.

궁전의 전체 면적이 250,000㎡로 건

도르마바흐체 궁전 앞의 시계탑

도르마바흐체 궁전 내부의 샹들리에

평은 14,000㎡이며, 전체적으로 건물에 사용된 면적은 64,000㎡에 이른다. 현재 박물관으로 사용하고 있는 3층으로 된 궁전은 285개의 방과, 43개의 홀, 6개의 발코니, 6개의 목욕탕, 1,427개의 창문이 있다. 내부 장식으로는 시계 156개, 화병 280개, 샹들리에 36개, 크리스털 촛대 58개가 대칭을 이루면서 놓여져 있다.

크리스털 계단을 지나면 영접실이 나오는데 이곳을 '붉은 방'이라고 부른다. 2층에 있는 홀에서 가장 관심을 끄는 것은 상아 촛대와 러시아의 황제 니콜라스 2세가 선물한 곰 가죽이다. 손으로 직접 짠 240㎡의 실크 카펫과 커튼은 홀의 화려함을 더해준다. 내부 장식과 방을 꾸미기 위해 금 14톤과 은 40톤이 소요되었다고 한다. 홀의 돔 높이 36m 중앙에 매달려 있는 750개의 촛대로 꾸며진 샹들리에는 무게 4.5톤으로 영국의 빅토리아 여왕이 선물로 준 것이다.

오스만 제국의 세력이 약화되던 시기에 압둘 메시트 1세가 베르사이유 궁전을 모방해서 만든 이 궁전은 화려함의 극치를 보여주고 있으나 결국 이 궁전에 소요된 막대한 재정으로 오스만제국의 몰락이 가속화되었다. 오스만제국 후기에 6명의 술탄이 조금씩 사용하다가 공화제가 된 후로는 초대 대통령 아타튀르크가 관저로 사용 1938년 11월 10일, 집무 중 이곳에서 사망했다. 고인을 기리기 위해 집무실 시계는 그가 사망한 09시 05분을 지금도 가리키고 있다.

도르마바흐체 궁전은 개인적으로 들어갈 수는 없고 현지 가이드 투어에 한해서만 관람이 가능하였다. 터키의 유적지 입장료 가운데 제일 비싼 15YTL를 받고 있으며 카메라 및 비디오 촬영은 별도의 요금을 내야 한다. 아침 일찍 서둘러 가는 것이 좋으며 개관 시간은 09~16시까지이며 월요일과 목요일은 휴관이다.

도르마바흐체 궁전 앞에서 터키의 명동이라는 탁심 광장Taksim Meydan은 가까운 거리로 버스에 올라 오르막길을 몇 정거장 지나서 도착할 수 있었다. 이스탄불에 와서 지금까지는 주로 술탄 아흐메트 지구와 베야지트 지구의 고풍스러운 역사 유적지를 돌아보다가 신시가지로 나오니 많은 인파들로 북적거리며 생동감과 활기가 넘쳐나고 있었다. 유럽의 어느 도시 못잖은 세련된 청바지와 미니스커트 차림의 다정한 아베크족들을 여기저기에서 볼 수 있다.

광장 주변에는 맥도널드, 카페, 상점을 비롯한 많은 노점상들이 즐비하여 쇼핑하기 적당한 곳이라는 생각이 들었다. 전자제품 판매점에는 한국의 삼성전자와 LG전자의 텔레비전과 휴대폰이 주로 진열되어 있어 국민적 자긍심을 느끼기도 하였다.

탁심Taksim 광장 중앙에는 공화제 기념탑이 우뚝 서 있고, 근대 터키 공

화국을 태동시켰던 아타튀르크와 건
국 멤버들의 동상이 직사각형 모양으
로 조각되어 서 있다. 골목골목을 누
비며 이색적인 볼거리와 먹거리를 찾
아보지만 특이한 것은 별로 눈에 띄
지 않았다. 해가 지면서 각 상점과 빌
딩가에는 화려한 오색등불이 밝혀지
고 휘황찬란한 도심은 사랑과 낭만이
무르익어 가고 있었다.

탁심 광장의 공화제 기념 동상과 탁심 거리

터키는 1월 20일~23일까지가 쿠
르반 바이람으로 가정마다 신에게 공
물을 바치는 이슬람의 축제 기간이
다. 일반적으로 축제일을 포함한 약
일주일 동안은 휴일이며 대부분의 관
공서와 상점들이 문을 닫는다고 한

다. 또 이 기간은 많은 사람들이 휴가를 내므로 교통이 혼잡하고 호텔 등도
예약을 해두는 것이 좋다.

며칠 전 이스탄불에 도착하자마자 동양 호스텔 여행사와 지중해 연안의 셀추크의 에페스 역사유적지와 파묵칼레의 석회암 지대, 안탈야의 고고학 박물관, 중부 아나톨리아의 카파도키아 고원 중앙부에 펼쳐지는 거대한 기암 절벽 지대를 돌아보기 위하여 6박 7일 투어코스를 130달러에 예약을 해두었다. 밤 9시경에 호텔 앞에 대기 중인 30인용 투어버스에 올라 셀추크를 향하여 출발하였다.

투어에 참가하여 도중에 버스를 갈아타는 번잡함 없이 목적지를 갈 수 있어 경비와 시간을 절약할 수 있어 천만다행이다. 칠흑 같은 어둠 속을 달리는 동안 심신의 피로로 상하좌우로 흔들어주는 버스에 몸을 맡기고 자다 깨다를 반복하며 다음날 아침 8시 경에 셀추크Selcuk의 어느 뷔페식당 주차장에 도착하였다. 이곳에서 약 1시간 동안 아침식사를 하면서 휴식을 취했다.

터키에 가면…

터키의 버스

터키는 어느 도시를 가도 '오토가르otogar'
라고 하는 버스 터미널이 있다. 도시와 도시
를 잇는 큰 버스회사들은 요금이 비싸긴 하
지만 서비스도 좋고 버스도 새 것이다.특히
이런 큰 버스회사들은 각자의 터미널을 가
지고 있기도 하고 시내의 지점에서 터미널
까지 서비스 버스가 있어 여러모로 편리하
다. 큰 도시에서 주변의 작은 도시로의 이용
은 '돌무쉬Dolmus'를 이용하면 된다. 물론
오토가르에서 고속버스들과 연계해서 운행
하므로 쉽게 찾을 수 있다. 터키는 버스 좌
석을 팔 때 모르는 여자와 남자가 같이 앉
도록 좌석을 팔지 않는다. 빈자리가 하나 있
더라도 성별이 맞지 않으면 비워놓고 그냥
운행한다. 야간버스를 이용하여 주요 도시를
장거리 이동할 경우 몇 가지 유념할 사항이
있다.

● 갈아타지 않고 곧바로 가는지 반드시 물
어볼 것!

● 여름이라 할지라도 버스의 에어컨을 계속
켜놓고 운행하므로 긴 옷을 준비할 것!

● 2~3시간마다 한 번씩 휴게소에 들릴 때
자신의 버스 위치를 꼭 확인할 것!

> 터키에서 신기한 것 중 한 가지가
> 층수 세는 방법이다. 건물 밖과 연
> 결된 층은 '그랜드 플로어'이며 터
> 키에서는 'Zemin katl'이라고 한
> 다. 그래서 엘리베이터에 그랜드
> 플로어는 'Z'라고 표시되어 있다.
> 곧 한국에서의 2층이 터키에서는 1
> 층이 되는 것이다.

이스탄불의 흥미진진한 시장

● 어시장 : 신시가의 선로 북쪽에 위치. 과
일, 생선, 고기, 잡화, 과자, 말린 식품 등
을 파는 가게들이 나란히 있다. 의외로
쇼핑을 하는 남자들이 많고, 밤 9시 경까
지 가게 문을 연다.

● 토프카프 궁전의 일요일 바자르 : 토프카
프 궁전 일대는 중고품 상점이 많은 거
리이다. 게다가 일요일에는 아저씨, 아줌
마들이 제멋대로 온갖 잡동사니들을 가
지고 나와 벼룩시장이 분위기가 된다. 어

떤 때는 성벽 위까지 꽉 차서 장사진을
이룬다. 재수가 좋으면 의외로 싸고 진귀
한 물건을 찾을 수도 있다.

● 선물용 물파이프 : 물파이프는 진짜와 선
물용에 차이가 있다. 진짜는 금속 부분이
두터운 놋쇠로, 입으로 부는 부분은 가죽
으로 되어 있지만 선물용은 플라스틱 제
품이다. 예니 사원 뒤쪽으로 그랜드 바자
르로 향하는 길에 진짜 물파이프를 파는
가게가 있다. 좀 찾기 힘들지만 가격도
적당하니까 생각해 보자.

● 헌책방 : 이스탄불 대학과 그랜드 바자르
의 서쪽 중간 지점에 있지만 입구는 그
다지 찾기 쉽지 않다. 이곳에 서점과 헌
책방이 모여 있어 꼭 청계천 서점가 같
은 분위기다. 터키나 이슬람에 관계된 미
술서적, 가이드북부터 학술서적, 나라별
포켓사전 등 다양하다. 엽서나 그림액자,
코란의 문구가 새겨진 금속판 등도 구입
할 수 있다.

스물하루째날

고대도시 에페스에 취하다

　　　　지중해 연안의 손꼽히는 최대의 유적지인 잠
자는 고대도시 에페스Epes는 셀추크 시내에서 30분 거리에 위치하고 있다.
나는 에페스에 대해서 별다른 정보를 갖고 있지 않아 크게 기대하지 않았는
데 유적지를 보는 순간 놀라지 않을 수 없었다. 에페스는 이즈미르에서 남쪽
으로 74km 떨어진 터키 최고의 관광지로 그리스 시대에는 아테네와 쌍벽을
이룰 정도로 발전했던 곳이다. 기독교가 전파될 당시 사도 바울이 이곳에서
포교하며 '에베소서'를 쓴 곳으로도 유명하다. 또한 요한계시록의 7대 교회
가 있던 곳으로 예수님 사후에 성모마리아가 말년을 보냈다는 성모마리아의

집이 있으며 바티칸이 공식적으로 성지로 지정하였다.

　고대도시의 숨결은 1500여 년이 지난 오늘날에도 이글거리는 태양의 따가움이 아나톨리아의 평원 위에 세워진 고대도시 에페스를 달구고 있었다. 오랜 세월의 풍파를 끈질기게 견뎌온 유적들은 이미 익숙해진 태양의 열기를 느긋하게 받아들이고 있지만, 방문자는 더위에 지쳐 가쁜 숨을 몰아쉬고 땀을 펄펄 흘리며 사진 찍기에 여념이 없다.

　에페수스Ephesus의 출입구가 두 곳으로 남쪽과 북쪽에 각각 하나씩 있다. 남쪽 문에서 북쪽 정문이 있는 곳으로 중앙대로를 따라 좌우의 유적지를 관람하면서 내려가기로 했다. 매표소 입구로 들어서면 큰 도로가 나오고 관광안내도가 세워져 있으며 바로 눈에 들어오는 건축물 중의 하나가 오데온 실내 극장으로 당시 에페스의 규모를 짐작케 한다.

　온통 대리석을 깔아 만든 도로를 따라서 윗쪽에서부터 순서대로 시 공회당, 도미티안 황제의 신전, 헤라클라스의 문, 공중목욕탕, 트리이안 황제의 님파니움(분수, 샘터), 화장실, 유곽 등이 있고 에페스의 빌라를 지나면 에페스에서 가장 아름다운 대표적인 도서관 건물이 나온다.

　에페스는 생각보다 넓은 지역으로 관광안내도를 참고로 하여 관람하는 것이 훨씬 도움이 되었다. 이곳을 방문한 배낭여행자는 사전에 관광지에 대해서 많은 정보를 가지고 오지만, 나의 경우는 갑작스럽게 왔기 때문에 패키지 여행단체의 뒤를 따라다니며 귀동냥으로 가이드 설명을 듣기도 했다.

오데온Odeion 소극장은 시 공회당에서 바실리카Basilica 방향으로 걸어
가면 왼쪽에 있는 2세기에 세워진 음악당으로 실내극장과 같은 형태의 소극
장이다. 당시에 에페스는 두 개의 정치 조직이 있는데 하나는 보울레(상원)
와 다른 하나는 데모스(민회)라고 불렀다. 보울레는 소극장에서, 데모스는
대원형 극장에서 집회를 가졌다. 이 소극장은 콘서트와 문화행사를 위해 사
용되었는데, 수용인원은 약 1,400명 정도이다. 원래는 지붕이 있었던 것으

오데온 소극장

로 보이며 맨 윗쪽의 대리석 좌석은 남아 있지 않지만 아래쪽은 잘 보존되어 있다. 계단 옆 부분에 새겨진 그리핀(머리와 날개는 독수리이고 몸은 사자인 괴물)의 발 모양은 오데온의 아름다움을 한층 더해주고 있다.

오데온 옆에 있는 기원전 3세기 아우구스투스 시대에 건축된 시 공회당은

시공회당의 흔적

현재는 몇 개의 기둥만 남아 있을 뿐이지만, 과거에 아르테미스 여신에게 봉헌된 신성한 지역으로 영원히 꺼지지 않는 성화가 타고 있었으며, '쿠레테스'라고 불리는 성직자들이 이 불이 꺼지지 않도록 관리했다고 전해진다.

아고라는 시장터로 오데온 극장 맞은편에 있으며 사방이 110m로 기원전 3세기경에 설치된 에페스 도시생활의 중심지였다. 아고라는 두 줄의 회랑으로 둘러싸여 있고 그 뒤에 상점들이 줄지어 있어서 청동제품, 자기제품, 포도주, 꿀, 고기, 비단, 보석 등이 거래되어 당시의 여인들이 이곳에 꼭 한 번 오고자 했던 곳이란다. 다른 시장터가 모두 그러하듯이 시장의 한 가운데에 이집트의 이시스 신전이 자리하고 있었다. 로마 시대에는 아고라는 신성한 장소로 여겨져 사람들은 밭에서 일할 때 입었던 옷차림으로

니케 부조

아고라에 들어가지는 않았다고 한다.

바리우스 목욕탕Varium Baths은 오데온에서 바실리카를 가다보면 끝에 있는 건물로 연결되는 아치가 있는 곳에 있다. 2세기에 만들어진 것으로 바닥 난방이라는 전형적인 로마 목욕탕의 형태가 남아있다. 발굴된 비문에 의하면 이 목욕탕은 플라비우스와 그의 아내가 비용을 부담해 건축한 것이라 하는데 다른 목욕탕과 마찬가지로 냉탕, 온탕, 열탕 및 풀장과 화장실까지 갖추어져 있다.

메미우스의 비 앞에 놓여있는 승리의 여신 니케의 부조는 원래 이 문의 아치로 장식되었던 것이다. 가이드 말에 의하면 승리의 여신 니케(J)의 부조에서 스포츠용품 제조업체였던 나이키는 낚시모양(J) 마크를 단돈 50달러에 매입하여 상표로 등록한 후에 일약 유명한 스포츠 업체로 성장할 수 있었다고 한다.

도미티안 신전Domitian Temple은 메미우스 비에서 앞 광장의 한 모퉁이에 위치했다. 에페소는 황제의 신전에 파수꾼인 네오크로스Neokoros가 될 수 있는 자격을 네 차례 얻었다. 당시에는 신전의 파수꾼이 된다는 것은 모든 사람들이 부러워 할 만한 특권이었다. 에페소가 처음으로 도미티안(81~96년)의 신전 파수꾼으로 임명을 받았다. 그러나 황제가 한 하인에 의해 암살 당하자 에페소는 어렵게 얻은 네오크로스 권리를 잃을 처지에 놓였다. 그래서 그들은 황제의 아버지 베스파시안을 신으로 모셔 이 신전을 그에게 받쳤다. 도미티안 황제는 사도 요한을 로마로 불러 고문을 가한 후 파트모스(밧모섬)로 유배 시켰던 황제였으나 암살 당한 후 요한은 에페소로 돌아올 수 있었다. 이 도미티안 신전에서 발굴된 황제의 조각상이 현재 에페소스 박물관에 전시되어 있다.

헤라클레스Heracles 문은 대리석 받침대의 좌우 대칭의 기둥에는 네메아 Nemea, 사자 가죽을 뒤집어쓴 헤라클레스의 모습이 부조되어 있어서 헤라클레스 문이라 불리게 되었다. 쿠레테스 도로가 시작되는 부분에 위치한 2층 구조의 출입문이다. 그리스 신화에서 헤라클레스는 네메아 골짜기에 사는 사자를 죽였다고 하는데 사자를 죽이는 일은 이 세상에서 12가지 어려운 일 중의 하나였다고 한다. 이 문은 귀족과 평민의 경계선이 되었다.

쿠레테스 거리Curetes Street는 헤라클레스 문에서 케르스스 도서관을 향해 뻗어 있는 길을 말한다. 그리스 신화에서 쿠레테스는 반신반인半神半人의 인물이었으나 에페수스에서 쿠레테스 하면 아프테미스 신전의 업무에 종사하는 승려를 지칭하는 말이 되었다. 이 승려의 이름을 따서 지은 이 도로의 양편은 기둥으로 이어진 회랑이 있었고 회랑 뒤로는 점포와 개인 주택

쿠레테스 거리

들이 있었다. 또한 기둥 앞에는 에페소스의 유공자들의 동상이 줄지어 서 있다. 이 동상의 받침대에는 동상의 인물을 설명하는 비문이 새겨져 있는데 그 중에는 유명한 물리학자 알렉산드로스 것도 있다.

하드리안 신전Hadrian Temple은 쿠레테스 거리의 목욕탕 옆에 있으며 138년경에 건축된 고린도 양식의 신전으로 정면에 독특한 부조물과 장식이 매우 아름답다. 건물의 현관입구에 4개의 기둥이 남아 있는데 중앙의 2개 기둥은 아치를 이루고 있다. 현관을 들어서는 안쪽 정면의 박공 머리 위에 양손을 벌린 메두사를 닮은 여성의 모습이 나뭇잎과 함께 부조되어 있다. 그 아래 왼쪽으로부터 아테나 신, 셀레나 신, 아폴로 신, 에페스의 창시자 안드로클로스, 헤랄데스, 테오도시우스 황제와 그의 아버지, 아르테미스신, 테오도시우스의 아내와 아들이 차례로 부조되어 있음을 볼 수 있다.

스콜라티스티카Skolatistika 목욕탕은 하드리안 신전 좌측의 3층으로 되어있는 건물로서 에페수스에서 상당히 큰 건물 중 하나이다. 1세기경에 건축되어 4세기 말까지 지진으로 파괴되어 계속 수리되면서 비잔틴 양식의 건물로 바꾸어 놓았다. 400년에 목욕탕 수리를 담당한 기독교인 스콜라티스티카라는 여성의 이름을 따서 명명했다. 로마제국 시대에는 문화생활의 중심으로 부유한 자나 가난한 자 할 것 없이 모두 목욕을 즐겼다고 한다. 탈의실이 있었던 홀에는 머리 부분이 파괴된 스콜라티스티카의 좌상이 남아 있다.

하드리안 신전

쿠레테스 거리의 하드리안 신전 좌측 유곽 앞 건물 안쪽으로 들어가면 공중화장실이 있다. 벽 끝에 구멍을 낸 대리석 판으로 50명이 줄지어 사용하던 개방된 화장실이다. 칸막이는 없

스콜라티스티카 목욕탕

지만 지금도 사용할 수 있을 정도로 깨끗하게 관리되어 있다. 화장실 바닥은 모자이크가 깔려있고 스콜라티스티카 목욕탕에서 나온 물로 씻어 내려가게

공중화장실

돌바닥에 새겨진 창녀촌 광고판

위생적으로 고안되어 있다. 좌석 정면에 있는 수로로 깨끗한 물이 흘러 용변을 본 후 이용할 수 있게 되어 있다. 용변을 보면서 옆 사람과 대화를 나누며 볼 수 있는 아늑한 분위기처럼 보였다.

중국의 공중화장실이 연상되지만 현재 중국인들이 사용하는 공중화장실은 불결하기 짝이 없어 비교한다는 것 자체가 무리라 생각되었다.

창녀촌Brothel은 대리석 도로에 유곽으로 가는 발자국이 새겨져 있다. 한 여인의 상반신 얼굴 모습과 왼발이 그려져 있는데, 이 발바닥보다 작은 사람은 출입금지를 나타냈다. 그리고 하트 모양의 그림과 아코로디아(나를 따라오세요)라는 문자와 화살표가 그려져 있고, 구멍(돈을 가져오세요)을 뚫어 놓았다. 이것은 비잔틴 시대의 것으로 창녀촌을 광고하는 모습이란다. 흥미를 갖고 신발을 벗고 그림 위에 왼발을 올려보지만, 그 당시 사람들의 발 사이즈가 그렇게도 컸는지 나는 씁쓸한 웃음을 지으며 사진 한 장으로 만족해야 했다.

다수의 작은 방들이 밀집되어 있고 정원으로 둘러싸여 있다. 그 당시의 모든 방들은 놓여진 촛불로 불을 밝혔다고 하며 이 건물 바닥에는 4계절을 알리는 모자이크 등이 남아 있다.

케르스스Celsus 도서관은 에페스에서 가장 인상적인 건물로서 쥴리우스 셀수스가 소아시아의 총독으로 114년에 70세 나이로 죽게 되자 그의 딸 쥴리우스 아퀼라가 그의 아버지 셀수스를 기리기 위해 이 도서관을 건축하여 125년에 완성하였다. 도서관의 정면 입구는 2층으로 아름답게 장식되었는데 지혜, 행운, 지식, 미덕의 4가지 의미를 상징하는 여성들의 석상이 있다. 도서관 내부는 습기를 방지하기 위하여 이중 벽으로 되어 있어 12,000권의 두루마리 서적이 소장되어 있었으나 262년 코트족 침략으로 모두 소실되었다.

대리석 도로Marble Road는 케르스스 도서관에서 대극장까지 이어지는 길로서 크고 고른 대리석이 깔려 있어 대리석 도로(마블 로드)라고 부르고 있다. 네로 황제 시대에 2m 높이 둑을 쌓

마블 로드

케르스스 도서관의 전경

한 달 간의 아름다운 여행 • 지중해

아 회랑을 만들었다. 원래 이 회랑의 벽에 이용되던 벽돌은 철이나 아연으로 된 꺾쇠를 박아 연결시켰는데 비잔틴제국 시대에 에페스가 경제적으로 어려웠을 때 이 꺾쇠를 다른 용도로 사용하기 위해 모두 제거하여 지금은 파인 구멍만 흉측스럽게 남아있을 뿐이다.

대극장은 피온산 기슭의 경사를 이용해 건설된 야외극장으로 리시마쿠스 시대에 세워졌으나 현재의 모습은 트리얀 황제 시대에 만들어진 것이다. 따라서 로마와 그리스 시대의 양식으로 세워져 매우 우아하고 아름다운 모양을 하고 있는 극장이다. 고대 극장이 모두 그러하듯이 세 부분으로 되어 있다. 약 18m 높이의 무대 정면 건물은 3층으로 되어 있고 각종 부조와 조각으로 아름답게 장식되어 있었다고 한다. 약 40m 지름의 중앙 무대는 정교한 음향학적 구조로 되어 있어, 배우가 작은 소리로 대화를 해도 관중석 끝자리의 사람도 모두 알아들을 수 있었다고 한다. 관중석은 외곽까지 150m의 크기이며 각단은 22줄의 좌석이 배치되어 있어 약 25,000명을 수용할 수 있다. 이곳은 기독교 역사에도 의미가 있는 곳으로 '사도바울'이 3차 전도 여행 중 이곳에 들러 선교를 하다 에페스의 은 세공장이들로부터 수난을 받은 곳이기도 하다.

한국의 어느 교회에서 성지순례 온 한 여행자가 대극장 무대 정면에 서서 가곡을 부르는데 성악을 전공했는지 수준급으로 부른다. 몇 사람의 관중이 차곡차곡 쌓인 계단에 띄엄띄엄 앉아 앙코르를 외치니 몇 곡을 더 불러서 환호에 답한다.

에페스 대극장

　극장의 맨 상단부에 앉아 한동안 휴식을 취하며 청명한 하늘과 하얀 대리석 건물들이 아나톨리아 지방의 황량함과 절묘하게 조화를 이루고 있는 모습을 바라보았다. 과거 알렉산더 대왕이 건설했던 찬란한 도시국가 에페스의 영광을 간접적으로 드러내고 있지만 처량하게 남겨진 기둥들은 그 어떤 부귀영화와도 거리가 멀어 보이며, 오랜 세월 동안 드러내지 못한 옛 추억들만이 유령처럼 떠돌고 있지 않을까 하는 나만의 상상의 나래를 펴본다. 바람한 점 불지 않는 높은 계단에 앉아 B.C 15~10세기경 전설 속의 아테네 왕자 안드로클로스에 의해 처음 건설된 대극장을 보았다. 이후 페르시아와 알렉산더의 지배를 거쳐 로마의 속주가 되어 찬란한 문명을 꽃피울 때까지의 그

기나긴 역사의 흔적을 돌아보았다는 사실 하나만으로도 뿌듯한 느낌이다. 가슴 속 가득 기쁨을 만끽하고 대극장을 빠져나왔다.

극장에서 나오면 이곳 야외 원형극장에서 에페스 항구까지 길게 뻗어있는 아카디우스 도로가 보인다. 헬레니즘 시대에 처음 만들어져 아카디우스 황제 시대에 복구된 이 길은 총 길이 530m, 폭은 11m에 달한다. 도로 양편으로 수많은 코린트 양식의 기둥들이 서 있다. 하지만 아직 복구 공사가 한창이어서 멀리서 바라만 볼 뿐 직접 거닐어보지는 못했다.

이 도로를 옆에 끼고 걸어가다 보면 아름드리 소나무 가로수 사이로 시원한 솔바람이 불어온다. 뜨거운 햇빛 아래 수 천년의 역사를 거슬러 올라 불과 4시간 만에 에페스 유적을 섭렵하고 기독교의 성지 순례지 중 하나인 성모마리아의 집으로 향했다.

성모마리아의 집House of Virgin Mary은 에페스로부터 7km 떨어진 420m 높이의 브루브루산 남서쪽 능선 아래 지점에 위치하고 있다. 5km의 포장도로를 따라 산 정상에 오르면 성모마리아가 말년을 보냈다는 성모마리아의 집이 있다. 이곳까지 운행하는 대중 교통편이 없기 때문에 택시를 15달러에 흥정하여 올라왔다. 건물 자체는 별로 볼 것이 없지만 카톨릭 신자들에게는 아주 중요한 성지로서 교황청의 신부와 수녀가 상주하고 있다.

요한복음에 따르면 예수께서 돌아가시기 전(요한복음 19장 26~27절)에 요한을 가리키며 '여자여, 보소서. 아들이니이다' 하시고 다시 마리아를 가리켜 요한이 말씀하시기를 '보라, 네 어머니라' 하셨다. 그 후 431년 에페스에서 열렸던 종교회의 의사록에 기록되어 있기를, 예수가 죽은 후 4~6년(A.D 37~48)뒤 사도 요한은 성모마리아를 모시고 에페스로 와서 코레우스산Coresus(현 브루브루산) 위에 집 한 채를 지어 드렸다고 되어 있다. 그러나 오랜 세월의 흐름에 따라 성모마리아가 말년을 보내다가 죽은 후 다시 부활하였다는 이 집도 세인들에게 잊혀져가며 폐허로 변해가고 있어 안타까운 마음이 든다.

성모마리아 집 입구의 마리아상

독일 태생의 카타리나 엠메릭크라는 수녀가 전신 마비증세로 마지막 12년 동안 침대에 누워 지내면서 자주 예수님과 성모님의 발현을 보곤 하였다. 독일 카톨릭 시인 브렌타노는 수녀에게서 들은 대로 성모님 발현 이야기를 채록하여 1852년 「동정마리아의 생애」라는 책을 펴냈다. 이 책은 성모마리아의 집의 위치에 대한 새로운 관심을 불러 일으켰다. 더욱이 이 수녀는 자신이 태어난 고향을 한 번도 떠난 적이 없어 그 계시 내용의 신빙성을 더욱 굳게 하였다.

1961년 교황 요한 23세는 마리아의 집 위치에 대한 논쟁을 종식시키고 이곳을 성지로 선포했으며, 1967년 교황 바오로 6세 및 1979년 교황 요한 바오로 2세도 이곳을 방문한 적이 있다. 집 밖의 계단을 내려가면 병을 치료한다는 성수가 솟아올라 이곳을 방문한 많은 순례객들이 성수를 담아 자기 고장의 교회나 성당으로 가져가 나누어주기도 한단다.

성모마리아의 집에서 셀추크 시내로 돌아와 아르테미스 신전Artemis Temple 앞에서 내렸다. 아르테미스는 그리스 신화에 나오는 제우스와 레토 사이에서 태어난 쌍둥이 남매로서 태양의 신 아폴로의 여동생으로 순결의 여신이다. 로마신화에서는 아르테미스를 디아나Diana라고 부르며 본래 달의 여신이었으며 호머Homer의 작품에서는 사냥꾼 여신으로 등장한다.

아르테미스는 다산의 여신으로 숭배되었다. 에페스 박물관에서 300m 가까운 거리에 있는 고대 7대 불가사의 중의 하나로 꼽히던 신전으로 단 한 개의 기둥만 남아 있어 초라하고 허탈하기만 하다.

B.C 7세기 경 신전을 120년에 걸쳐서 건축할 당시에는 길이 115m, 폭 55m 터에 높이 19m의 대리석 원주 127개가 지탱하고 있는 거대한 규모였다.

에페스 주민들은 아르테미스 신전을 지구상 가장 큰 규모로 짓기를 원했기 때문에 아테네의 파르테논 신전의 두 배의 크기로 건축했었다.

아르테미스 신전 은 에페스의 상징이었고 에페스 사람들 스스로 '전각지기'라고 불렸고, 아시아에서 많은 순례객들이 모여들었다. 에페스의 은 세공장들은 아르테미스 여신상을 만들어 순례객들에게 팔아 짭짤한 수입을 올렸다.

그런데 사도바울이 활발한 전도로 수입이 줄어들자 은 세공장이들의 대표 데미트리오는 은 세공장이들을 선동하여 사도바울 일행을 가이오와 아리스타르코 노천극장으로 끌고 가서 난동을 부렸다.

그러나 이처럼 화려했던 신전도 계속해서 아시아를 침입해오던 고트족의 약탈과 파괴로 오늘날과 같이 폐허가 되었다. 전해진 바에 의하면 B.C 356년 한 정신병자의 방화로 아르테미스 신전이 불타버렸다. 파괴된 신전 중건 비용을 제공하는 조건으로 알렉산더는 아름다운 신전에 자기 이름을 기록해 줄 것을 요구했으나 에페스인들에 의해 정중히 거절되었다. 에페스 시민들은 자력으로 신전을 재건하기 위하여 가지고 있던 귀금속을 다 바쳐 재건시

아르테미스 신전

에페소에 있는 아르테미스 여신 신전은 고대 세계 7대 불가사의 중의 하나이다. 이 신전은 B.C 356년 한 정신병자의 방화로 불타버렸다. 왜 아르테미스 여신은 자신의 신전이 방화범에 의해서 불타는 것을 막지 못했는가? Pella로 가 있어서 신전을 비웠기 때문이라고 한다. 아르테미스 여신 신전을 재건하기 위해서 에페소 여자들은 가지고 있던 모든 귀금속을 다 바쳤다. 재건된 아르테미스 여신 신전은 아테네에 있는 파르테논 신전보다 4배가 큰 규모였다. 길이는 약 130m, 넓이는 약 70m, 높이 20m, 또한 20m에 달하는 127개의 석주(기둥)가 신전을 둘렀다. 하지만 지금은 비가 오면 늪지대로 변하는 저지대에 돌기둥 하나가 남아있을 뿐이다.

켰다. A.D. 265년 재건된 신전은 크리스트교가 로마 제국의 종교로 지위를 굳힘으로써 인기를 잃게 되었다.

크리스트교인들은 에페스에 성 요한 성당을 짓고 또 콘스탄티노플에 성 소피아 성당을 지을 때, 에페스의 아르테미스 신전을 헐어 건축 자재로 사용함으로써 신전은 완전히 파괴되고 말았다.

그 후 오랜 세월 동안 사람들에게 잊혀졌다가 1863년 영국의 고고학자인 T.J. 우드에 의해 발굴되면서 그 존재가 세상에 알려졌다. 대영 박물관의 지원을 받은 우드는 11년 동안의 발굴 작업 끝에 지하 7m 아래서 신전의 흔적을 찾아내는데 성공했다. 현재는 파괴된 기둥 하나만 있고 발견된 일부 유물이 대영 박물관에 전시되어 있다.

에페스 고고학 박물관은 1929년 셀주크 도시의 중심부에 건축하였으며, 1964년과 1976년에 확장되었다. 에페스 유적에서 발굴된 유물 1,000점을 포함하여 약 25,000여 점이 전시되어 있다.

전시물 중 제우스, 에로스, 철학자 등의 상반신 상이 다수 전시되어 에페스의 역사의 향기를 풍기고 있다. 로마인들의 주택, 폴리오, 트리얀의 우물, 액세서리, 무덤 속의 유물, 석관의 부조, 세라믹, 유리, 키벨레의 부조, 석비 등은 헬레니즘 시대와 로마 시대의 것들이다.

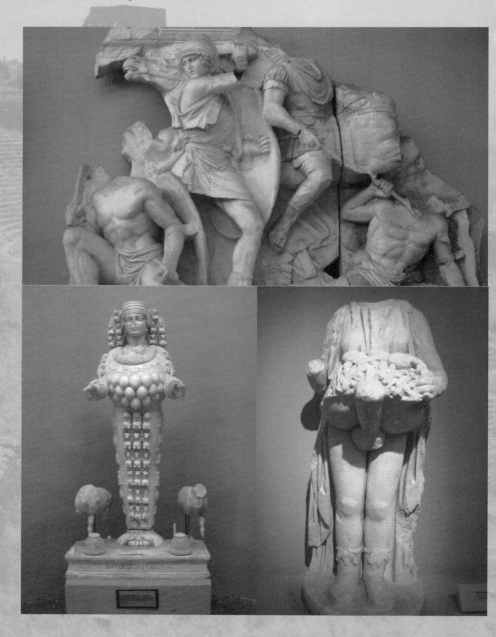

에페스 고고학 박물관에는 에페스 유적지에서
발굴한 유물들이 전시되어 있다. 발굴 장소 별
로 전시해 놓았으며, 훼손된 유물의 원형을 그
림으로 복원시켜 놓아서 알아보기 쉽고 더욱
흥미롭다.

이 박물관에서 가장 유명한 조각은 5번 전시실에 있는 두 개의 아르테미스 상으로 수많은 젖가슴을 가지고 있다. 누가 보아도 다산의 여신상임을 쉽게 알 수 있다. 남자의 힘찬 성기 상과 또 다른 성기 위에 많은 아이를 올려놓고 힘을 과시하는 듯한 다산 상이 발길을 붙들기도 한다.

에페스의 상징인 꿀벌과 사슴의 조각은 모두 풍요로움을 나타낸다. 또 가슴 주위에 있는 독특한 계란 모양은 살아 있는 예물로서 여신에게 받쳐진 소의 고환이라 한다.

전쟁 전시관에는 흉측한 살상무기인 창, 칼, 작살과 두개골을 전시해 놓고 단번에 급소를 찔러 적군을 살상할 수 있다는 설명도 붙어 있어 섬뜩한 느낌이 들었다. 박물관 뒤뜰에는 오스만 시대의 생활상을 엿볼 수 있는 주방기구, 농기구 등이 전시되어 있다.

투어버스를 이용하여 짧은 시간에 효과적으로 셀추크의 관광을 마쳐, 이곳에서 1박을 하지 않고 오후 3시 경에 파묵칼레Pamukkale로 향할 수 있었다. 셀추크에서 파묵칼레까지 가는 도로 양편에 주홍빛 감귤이 주렁주렁 달려있는 감귤나무와 올리브나무 밭이 계속 이어진다. 전형적인 농촌의 풍성하고 아름다운 풍경을 보니 지루하지 않았다.

이스탄불에서 파묵칼레까지의 거리는 약 666km로 버스로 13시간 정도 소요되는데, 셀추크에서는 약 4시간을 달려 해질녘인 7시 경, 파묵칼레에 도착하였다.

파묵칼레는 조그만 마을임에도 불구하고 40~50여 개의 숙소가 난립해 있었다. 다행히 겨울철은 관광 비수기로 여행자가 많지 않아 숙소는 걱정할 필요가 없었다.

버스가 정류장에 도착하면 호텔에서 나온 호객꾼이 진을 치고 있다가 여행객에게 강제적인 호객행위와 도난사고가 빈발하여 현지 경찰에서도 골치를 앓고 있단다. 특히 계림과 오즈귤이라는 숙소는 그동안 한국의 여행자들이 많이 이용한 숙소로 알려지고 있다.

그러나 계림의 '뚱보' 와 오즈귤의 '나짐' 이라는 둘째 아들이 여자들에게 친절을 가장하여 밤에 히에라폴리스를 구경시켜 준다고 유혹하여 음흉한 짓을 해서 소송 중이라는 현지 소문이 자자하다. 몇 군데 숙소를 알아보고 1박 (조반 포함)에 10YTL를 주기로 하고 무스타파 하우스Mustafa House에 여장을 풀었다.

스물둘째날

목화의 성, 파묵칼레

파묵칼레는 해발 약 750m 높이의 리쿠스 계곡의 언덕 위에 세워진 도시로 지면이 완전히 눈으로 덮인 듯한 언덕이다. 사실 이것은 눈이 덮인 것이 아니라 하얀 석회암으로 이루어진 계단식 야외 온천으로 대자연의 걸작품이 따로 없다. 터키인들은 목화성cotton castle이라는 뜻으로 파묵칼레라고 이름을 붙였고, 고대에는 '히에라폴리스; 성스런 도시(聖市)'라는 의미를 지니고 있었다. 터키어로 '파묵Pamuk'은 목화(木花)를 뜻하고 '칼레Kale'는 성(城)을 뜻한다.

산화칼슘이 주성분인 온천수가 언덕 꼭대기에서 솟아나서 14,000년간에

파묵칼레의 석회 언덕

걸쳐 산봉우리로부터 흘러
내려 산비탈을 온통 순백의
바위로 뒤덮고 있다. 층층
이 테라스 모양의 천연욕조
를 만들어 계단식 자연 풀장이 만들어졌는데, 온천의 종유석이 솜을 쌓아놓
은 것 같은 현상이라 하여 붙여진 이름으로 터키의 절경 중 하나이다. 한쪽의
산자락에서는 유황온천이 흘러 온천수를 이용한 질병 치료를 위해 많은 사람
들이 찾아오지만 온천수가 무릎 아래 높이여서 수영을 할 수는 없었다.

오전 중에 시간적 여유를 가지고 숙소에서 10여 분 거리에 위치한 석회봉에 가기로 했다. 매표소에 입장료 5YTL를 내고 경사로를 따라 얼마 안가면 전체가 새하얀 곳에 둘러싸여 있는 파묵칼레가 나왔다. 온천에서 나오는 광천수에 포함된 풍부한 칼슘이 바로 놀랍고도 신비스러운 지형 형성의 주요 원인이다. 탄산가스가 증발한 후 남은 석회 찌꺼기가 석회봉과 석회봉 층마다 있는 온천 웅덩이를 만들어 냈다. 온천수가 만들어 놓은 테라스가 파손될까봐 관리요원이 배치되어 신발을 벗고 가도록 유도하고 있어 한 손에 신발을 들고 미끄러지지 않도록 조심하며 올라갔다.

그동안 무리한 개발로 온천수가 줄어들어 건조무미한 하얀 석회봉만이 있는 곳이 많다. 옛날에는 수량도 많아 수영도 할 수 있었다지만, 지금은 걷거나 흘러가는 온천수에 발목을 담그고 쉬는 것이 고작이다. 물의 온도는 장소에 따라 다르지만 대략 섭씨 35도가 넘는 것 같았다. 세계의 온천 가운데 가장 아름답다고 표현하여도 부족함이 없을 곳으로 알려져 있다. 고대 시대부터 온천물이 류머티즘, 피부병과 신경통에 좋다고 하여 터키인들은 물론 유럽 등 세계에서 많은 관광객들이 사시사철 모여들고 있다 한다. 석회 능선에 따갑게 내리쬐는 태양열에 녹아내려 빚어내는 석주들의 빛깔이 마치 수정처럼 맑은 물에 반사되어 영롱한 비취색 석주를 이루고 있으니 이 어찌 환상적인 아름다움이라 아니 할 수 있겠는가.

석회봉 위쪽으로 로마 시대의 야외 원형극장을 비롯하여 교회, 공중목욕탕, 신전 등 히에라폴리스의 유적이 있다. 바로 히에라폴리스는 이 하얀 목화성 언덕 위에 건설된 도시이다. 히에라폴리스Hierapolis는 B.C 190년 페르가몬 왕국의 에우메네스 2세에 의해서 건설된 대규모 유적지로 로마 시대의 유적이 많이 남아 있다. 유적지는 수차례에 걸쳐 발생한 지진으로 인해 심하게 파손되어 그 옛날의 영화로웠던 자취는 간 곳이 없고 지금은 몇 개의 건물 잔해가 무성한 잡초에 묻혀 있다. 이 도시의 대표적인 유적으로 A.D 2세기 로마에 의해 건설된 원형경기장은 15,000명을 수용할 수 있는 규모로 보존상태가 양호해 그 원형을 잘 유지하고 있다. 무대에는 각종 신화의 내용을 부조나 여러 가지 조각으로 아름답

히에라폴리스 유적지

게 장식해 놓고 있고, 무대 아랫단의 아폴로 신화를 주제로 한 부조는 인근 히에라폴리스 박물관에 전시되어 있다.

부채꼴 모양의 객석 위에서 내려다보는 파묵칼레의 전망은 아주 멋지다. 도시 북쪽 끝에는 거대한 묘지군인 네크로폴리스가 자리 잡고 있다. 시야에

들어오는 것만 어림잡아 수천 개는 되어 보이는 소아시아 반도에서 가장 큰 묘역이란다. 우선 눈길을 끄는 것은 석관형, 봉분형, 가옥형 등 무덤의 다양한 양식과 크기이다. 신분이나 빈부의 차이에 따라 그 규모와 양식이 다를 수 있다. 그런 가운데 여러 시대가 중첩되면서 혼란스런 양상을 띠었지만, 그것은 오히려 온고지신의 조화로움인지도 모른다.

원형극장에서 북쪽으로 난 길을 따라 가면 팔각형의 건물이 나오는데 이 건물은 기독교 역사상 가장 중요한 건물로 사도 빌립 순교 추모관이다. 기독교의 역사에 따르면 예수그리스도 제자 중 한 사람인 사도 빌립은 말년에 히에라폴리스에서 전도를 하다가 돌에 맞아 순교했다. 기독교가 공인된 후 5세기 경 그 무덤 위에 사도 빌립을 추모하기 위한 건물을 세워졌다.

직경 20m의 중앙 홀은 사도 빌립의 추모행사가 개최된 곳이며 그 둘레에는 팔각형 모양에 따라 8개의 기도실이 있다. 주변의 부속 건물은 교육관과 손님 접대용 방이나 창고로 사용했다. 아폴로 신전은 고대 히에라폴리스에 있어 가장 중요한 종교의식인 아폴로 신에 대한 숭배의식을 치르던 곳이었다. 최근 발굴조사에 따르면 이곳은 A.D 3세기경에 건축되어졌으며, 신전의 몇몇 기념물들을 헬레니즘시대로까지 거슬러 올라간다. 15×25m 규모의 이 건물은 남서쪽으로 향하고 있다.

중턱에서 정상을 올려다보면 히에라폴리스 유적과 석회봉이 아름다운 조화를 이루고 있어 한 폭의 설경산수화를 연상케 한다. 계단식 석회봉을 따라 오르면 우측에 히에라폴리스 박물관을 지나 광장의 주위에 호텔과 노천 목욕탕인 안티퀘 풀장Antique Pool이 있다. 별도의 요금을 내야 수영을 즐길 수 있으며 파손된 대리석 기둥들이 온천 속에 잠겨있는 모습을 볼 수도 있다.

섭씨 35도 정도의 온천수는 특히 피부병에 효험이 있다는 소문이 나있다. 얼굴이 못생긴 처녀가 공주가 된다는 등, 여러 종류의 토착 전설을 만들어냈다. 그래서 피부가 거칠고 무한대 아름다움을 추구하는 젊은 여성들의 필수적인 순례지가 되고 있다.

지금도 결혼을 앞둔 처녀들이 자신의 과거를 정화하고 새로운 남자를 맞이하기 위한 준비과정으로 파묵칼레의 온천수에 몸을 담그는 현대적 풍속도를 연출해 내는 모습을 바라보는 남자들은 과연 어떤 생각을 하고 있을지 궁금하다.

오전 중에 파묵칼레의 석회봉 관광을 마치고 숙소로 돌아와 잠시 휴식을 즐기다가 오후에 숙소에서 약 한 시간 거리에 있는 레드온천을 찾아갔다. 약 200평 남짓한 논바닥에 돌무덤을 쌓아올린 사이로 수온이 35도 정도 되는 탄산온천수가 솟아올라 정강이까지 차 올랐다. 관광객들이 피부병과 신경통에 효과가 있다며 잔디밭을 밟듯 마냥 즐거워하며 시간을 보내기도 하였다. 서양의 일부 여자들은 바닥에 있는 석회를 몸에 바르기도 했다.

레드온천이라 해서 물 빛깔이 빨간 것이 아니라 쌓아 놓은 돌무덤이 탄산

레드 석회 온천수

온천수로 빨갛게 변해 있어 그렇게 부른 모양이다. 성수기에는 발을 들여놓을 수 없을 만큼 많은 여행자들이 찾아오지만 겨울철 비수기로 주변 레스토랑을 비롯한 점포들이 문을 닫아 한산하고 쓸쓸한 느낌이다.

레드온천에서 즐거운 한때를 보내고 파묵칼레의 북쪽 7km 지점에 있는 알렉산더 대왕이 동방원정으로 점령지에 건설한 도시 라오디케이아로 향했다. 라오디케이아Laodiceia는 리쿠스Lycus계곡에 위치한 부유한 상업도시로서 알렉산더 대왕 사후 안티오추스Antiochus 2세는 그의 부인 라오디케이아의 이름을 도시 명으로 정했다. 라오디케이아는 바로 이웃의 고대도시 히에라폴리스와 경쟁관계를 유지하며 급진적인 발전을 거듭했다.

특히 이곳에서 7km 떨어진 히에라폴리스의 온천수가 수로를 통해 라오디케이아로 흘러 들러오게 하였다. 온천수가 이곳에 도착하는 동안 식어서 덥지도 차지도 않은 미지근한 물이 되는데, 계시록에서는 이것을 신앙의 빈곤함에 비유하여 교회의 믿음이 덥지도 차지도 않음을 책망하고 있다. 또한 이 물은 광물질이 섞여 있어 마시기에 부적합하므로 입에서 토하게 하겠다고 선언하고 있다. 1710년과 1899년의 대지진으로 파괴되어 현재 복원하겠다

는 표지판은 붙어 있었지만 넓은 고원의 폐허 속에 방치되어 있다.

고원 끝자락에 로마식 야외운동장과 상당히 규모가 큰 원형극장이 있는데 돌계단이 무너진 상태로 잡초만 무성하다. 그리스와 터키를 여행하면서 많이 볼 수 있는 건축물로는 고대 로마 시대의 원형경기장과 같은 형태의 경기장으로 국가의 중요행사와 집회장소로 사용하기 위하여 만들어 놓은 유적지라 할 수 있다.

고원도시는 폐허 속에서도 십자가가 선명히 남아있는 돌무더기가 남아 있어 초대 일곱 교회 중 하나의 터가 아니었을까 나름대로 추리도 해보았다. 또한 라오디케이아는 눈병을 고치는 곳으로 유명한데, 라오디케이아 교회에 보낸 요한계시록에는 '영적인 눈을 뜨기 위해 안약을 사서 바르게 하라'고 기록하고 있다.

　파묵칼레의 관광일정을 마무리하고 숙소로 돌아오는 중간지점에서 투어버스는 허허벌판 외딴곳에 있는 휴게소 앞에 차를 세운다. 휴게소를 겸한 규모가 큰 기념품 가게이지만 겨울철 비수기로 관광객이 없어 이곳도 한산하기는 마찬가지이다.

　이 고장의 특산물인 카펫과 면을 재료로 한 홑이불, 식탁보, 커튼, 의복류가 주종을 이루지만 배낭여행자와 거리가 먼 상품으로 구경하기가 미안하여 버스에 앉아 있으니 기사는 사지 않아도 좋으니까 아이쇼핑만이라도 해달란다. 쇼핑센터에서 잠시 머무르다 숙소로 돌아와 샤워를 마치고 치킨과 시원한 맥주 한 잔으로 여행에 지친 노독을 풀어본다.

파묵칼레 → 카파도키아

카파도키아로 가는 길 스물셋째날

이스탄불을 떠나올 때 3박 4일의 투어일정
은 파묵칼레에서 안타랴Antalya라는 지중해 연안의 아름다운 해변과 로마
시대의 유적과 유물이 많이 소장되어 있는 고고학 박물관을 관람하기로 되
어 있었다.

그러나 터키의 '쿠르반 바이람'의 축제기간 동안 박물관이 문을 닫아 관람
이 어렵다고 하여 시간도 절약할 겸 다음 목적지인 카파도키아Kappadokya
로 기수를 돌려 오전 9시에 파묵칼레를 출발하였다.

투어버스는 잘 닦인 포장도로를 질주했다. 우측에는 강물이 흐르고 가장 자리에는 살얼음이 얼어 있다. 멀리 보이는 산등성이는 하얀 눈으로 뒤덮여 여백이 넉넉한 한 폭의 아름다운 설경산수화를 보는 듯 하다. 차창 밖에는 한국의 겨울 날씨처럼 매섭게 차가운 바람이 불어오지만 차내에는 따가운 햇살로 후텁지근하기까지 하다.

터키 국민 99%가 이슬람교도인 관계로 축제기간인 쿠르반 바이람에는 각 가정마다 신에게 양과 공물을 바치는 풍습이 있다고 한다. 이러한 명절의 풍속이 지금까지도 지켜지고 있음은 마을 앞을 지나갈 때마다 가족들이 마당에 모여서 양을 잡는 모습이 목격됨에서 확연히 느낄 수 있다.

어릴 적 고향에서 때때옷으로 갈아입고 노닐던 우리의 고유명절 설날을 연상케 하여 수만 리 타국에서 새삼스레 그 옛날 동심으로 돌아가는 기분이다.

도로에는 오가는 사람과 자동차도 별로 볼 수가 없어 호젓하고 쓸쓸한 느낌이 들기까지 했다.

괴레메의 기암 괴석 석회동굴

카파도키아까지 약 10시간 정도를 달려오는 동안 도로 양편으로 펼쳐지는 전원 풍경이 한국과 별반 다르지는 않았다. 카파도키아 가까이 오니 관광지답게 왕복 4차선도로 중앙에 나무를 심어 조경을 잘 해놓았다.

7시 해거름에 카파도키아 관광

의 거점이 되는 괴레메Goreme 마을 입구에 들어서자 기암 절경들이 조명을 받아 환상적인 동화의 나라를 연출해 내고 있었다. 괴레메에서는 일반 호텔보다는 동굴 속에서 묵어보는 것도 색다른 경험이 될 것 같았다.

동굴 숙박료가 성수기에는 15~20달러이지만, 겨울철 비수기로 관광객이 없어 1박에 4달러의 저렴한 값으로 숙소를 정했다. 그리하여 난생 처음으로 응회암 절벽에 동굴을 파서 만든 레젠드 카베 호텔Legend Cave Hotel에 여장을 풀었다.

반원형 동굴 속에 아늑한 방을 꾸며 3개의 싱글 침대가 있고 난로에 장작을 지펴 온화한 분위기 속에 하룻밤을 보낼 수 있게 되었다.

카파도키아 : 데린쿠유 지하도시, 우치사르, 로즈밸리, 아바노스 도자기 공장

스물넷째날

숨쉬는 동굴의 카파도키아

터키의 수도인 앙카라에서 남쪽으로 300Km
가량 떨어진 곳에 위치하고 있는 카파도키아는 수백만 년 전의 화산 폭발과
지진 등으로 형성된 지형이 오랜 세월 동안의 풍화와 침식작용을 통해 형성
되었다. 마치 동화 속에서나 볼 수 있음직한 갖가지 버섯 모양의 기암 괴석
들이 드넓은 계곡지대에 펼쳐져 세계 어디에서도 보기 힘든 장관을 연출하
고 있다.

카파도키아는 한 곳의 지명이 아니라 넓은 터키의 중부지방을 말하며 이번
여행의 거점인 괴레메는 작은 마을로 자연의 경이로움을 절로 느낄 수 있는

곳이다. 물론 이곳에서는 터키의 다른 지역에서 흔히 볼 수 있었던 북적거리는 시장이나 사원들을 찾아보기 힘들다. 대신 카파도키아의 참 매력은 좀 더 깊숙한 곳에 숨겨져 있다. 원뿔을 엎어놓은 듯한 용암층 바위 속을 파내어 빌딩을 만들어 오래전부터 이곳에 삶의 터전을 이루고 있는 것이다.

괴레메 석회 동굴촌

카파도키아에는 볼거리가 많다. 괴레메 야외 박물관, 대규모 지하도시 데린쿠유, 버섯바위로 유명한 파샤바, 영화 스타워즈의 배경으로 알려진 살리메 마을 등이 주요 볼거리다. 카파도키아는 지역이 넓고 대중교통수단이 없기 때문에 현지 여행사의 패키지를 이용하는 것이 효과적이다.

지난밤 동굴 속의 꿈같은 잠자리가 뒤숭숭하고 무너질 것 같은 환상으로 숙면을 이룰 수가 없었다. 새벽녘에는 난로 불까지 꺼져 동굴 안에 냉기가 감돌아 침낭을 뒤집어쓰고 오들오들 떨다가 일찍 일어났다. 이른 아침 산책을 나서는데 살을 에는 듯한 한기가 온몸을 파고들어 잔뜩 웅크린 채 걷던 걸음을 되돌려 숙소로 돌아왔다.

오전에 투어버스를 이용하여 데린쿠유 지하도시Derinkuyu Under-

데린쿠유의 지하도시

ground로 향하는 도중 해발 1,300m의 언덕바지 피전 밸리 Pigeon Valley에서 응회암의 균열로 생긴 기암괴석을 파고 들어가 만들어 놓은 벌집형태의 주거지를 바라보노라니 감탄사가 절로 나올 뿐이다.

세차게 불어오는 응회암 모래 바람에 눈을 뜨기도 어렵고 카메라가 흔들려 사진촬영마저 쉽지 않았다.

카파도키아 주변에는 여러 개의 암굴 주거지가 있지만 데린쿠유와 카이마크리 지하도시만 일반인에게 공개되고 있다. 그 중에서 오늘 보고자하는 데린쿠유 지하도시는 1968년에 발견되어 세계의 이목을 집중시킨 상상을 초월한 거대한 규모에 놀랄 수밖에 없다.

개미집처럼 뻗어있는 암굴 통로를 따라 내려가다 보면 끝없이 얽혀있는 미로에 방향감각을 잃어버릴 수 있겠다. 지하 50m(20층)까지 파고 들어간 면적은 2,500㎢에 달하고 마치 개미집처럼 상하좌우로 파 내려간 동굴의 전체 길이도 수십 km에 달하고 최소한 2만 명 정도가 거주했던 것으로 알려지고 있다.

이 지하도시는 기원전 400년경의 기록에도 도시의 모습이 소개될 정도로 오래된 것이다. 데린쿠유는 마을의 닭이 조그만 구멍으로 들어가 나오지 않자, 이를 이상하게 여긴 주인이 당국에 신고를 한 것이 지하도시를 발견한 시초가 되었다고 한다.

최초로 누가 화산 응회암 동굴을 파기 시작했는지 정확히 알려지고 있지는 않지만 B.C 1400년에 히타이트족에 의해 형성되었을 것으로 추측하고 있다. 내부의 통기 구멍은 각층을 통과하도록 되어있고 교회, 학교, 강당, 침실, 주방 등이 있어 대규모 생활공간이 형성되었음을 알 수 있다.

지하도시에 숨어들어 기독교인들이 신앙의 자유를 지키기 위하여 얼마나 처절한 삶을 살았을까 상상을 하며 돌아보았다. 외부의 침입에 대비해 맷돌과 같은 커다란 둥근 돌로 출입구를 막아 침입자들이 들어오는 것을 막았던 좁은 터널, 환기 시스템, 그리고 수많은 방들은 완벽한 구조와 건축기술을 보이며 아랍인들의 수많은 침입에도 정복 당하지 않았고 기독교인들이 박해를 피해 은둔처로 사용되었다.

관광객을 위해 동굴 통로에 전등을 설치해 놓았지만 허리를 구부려야 다닐 수 있는 장소도 많았다. 지금도 동굴의 발굴이 계속 진행되고 있어 지하 8층까지만 견학이 가능하다. 나는 데린쿠유 지하도시에서 받은 뭐라 말로 표현할 수 없으리만큼 깊은 인상을 가슴에 간직한 채 괴레메로 돌아왔다.

괴레메의 우치사르 성채

오후에는 우치사르Uchisar를 찾아 갔다. 괴레메에서 3km 떨어진 곳에 있는 우치사르는 '뾰족한 바위'라는 뜻을 지닌 높이 60m의 바위 한 개로 이루어진 성채이다.

사람들은 뾰족 솟은 응회암을 깎고 뚫어 주거공간을 만들었다. 공기에 노출된 응회암은 약간의 단단한 연장으로도 손쉽게 파낼 수가 있었다. 그래서 사람들은 바깥의 덥고 건조한 기후를 피해 서늘한 습기가 어린 암굴 속에서 살아가는 지혜를 터득하였다.

응회암이 균열로 생긴 기암괴석의 바위를 파고 들어가 올망졸망 구멍을 낸 주거지들이 벌집처럼 들어섰다. 이것이 비둘기 둥지가 가득한 바위 봉우리이다.

우치사르는 인간과 비둘기의 공생관계로 만들어진 기묘한 곳으로 수없이 뚫려 있는 구멍에 살던 비둘기의 알에서 염료를 얻어 기독교인들이 석굴 예배당에 성화(프레스코 화)를 그렸고, 비둘기는 이들이 주는 먹이를 받아먹었다고 한다. 현지인들은 예로부터 비둘기 배설물을 모아 포도밭의 비료로 사용함으로써 메마른 화산성 토지에 농사를 짓는 지혜를 터득했다. 웅장하고 뾰족한 바위 앞쪽에는 작은 마을도 형성되어 있다.

로즈밸리는 제르베에서 약 4km 떨어진 곳으로 연분홍색 응회암으로 이루어진 협곡이 끝없이 펼쳐지고 있다. 카파도키아의 지질형성은 자연의 불가사의로 두 개의 대조되는 화산폭발과 화산폭발이 끝난 후의 침식 작용의 결과이다.

그 후 세월이 흐름에 따라 비와 바람, 홍수에 의해 끊임없이 깎이고 닳았다. 또한 산맥에서 녹은 눈과 물로 채워진 바위틈은 급격한 온도 변화에 따른 빙결 등으로 바위를 분열시켰다. 침식의 보다 주요한 원인은 비와 강물이었다.

크즈를마크Kizilirmak강으로 흐르는 네브세힐Nevsehir과 담사Damsa 강물은 유명한 카파도키아 계곡을 형성하는데 중요 역할을 하였다. 특히 계곡의 응회암의 두께가 거의 100m정도 되는 네브세힐, 아바노스Avanos와 우르구프Urgup 사이의 지역은 크게 침식되었다.

화산 잔유물과 침식된 흙은 강물에 의하여 운반되었고, 화산 표면이 매우 가파르게 잘려져나가 언덕들을 분리시켜 계곡을 만들었다. 이 같은 침식작용에 의하여 카파도키아의 지형은 여러 모양으로 다시 태어났다.

버섯 모양, 동물 모양 등 바라보는 방향에 따라서 각각 다른 모습으로 다가온다. 이같이 지형이 쉽게 변화할 수 있었던 이유는 화산 폭발이 일어나기 전에 강도가 약한 사암으로 되어 있었으나, 화산 폭발에 의해 그 위로 강도

로즈밸리

한 달 간의 아름다운 여행 • 지중해

가 강한 검은 용암이 뒤덮였다.

암석의 윗부분보다는 아랫부분이 훨씬 부드럽기 때문에 아랫부분이 많이 깎이면서 이런 재미있는 지형으로 변하게 된 것이다. 서로 다른 물질들의 융합으로 고깔모자를 쓴 형태의 암석과 같은 다양한 모습을 만들어 냈다.

이러한 특수한 지형은 인간들이 손쉽게 거주지를 지을 수 있는 장소를 제공해 주었다. 즉, 이 천연의 바위 속에 있는 약한 사암을 파내기만 하면 훌륭한 집이 되었고, 그 겉을 둘러싸고 있는 강도가 강한 용암은 지붕이나 벽이 되어 주었다. 건물을 짓는 데 필요한 기초공사나 골조공사는 필요 없었다. 이로 인하여 전 세계에서 특이한 경치가 카파도키아에 선사된 것이다.

괴레메를 중심으로 한 이 지역은 여행의 피로와 더위를 말끔히 씻어주기에 충분한 환상적인 파노라마를 담고 있다. 인간의 힘으로는 도저히 이룩할 수 없는, 오직 신의 능력과 자연의 조화로만 이룰 수 있는 카파도키아는 세계 어느 곳에서도 찾아 볼 수 없는 장관을 연출함으로써 여행자들의 발길을 끊임없이 유혹하고 있는 모양이다.

협곡 양쪽 면에 빨갛고, 하얗고 매끄러운 응회암 표면이 물결을 치듯이 볼록볼록 솟아 있는 웅대한 절경을 이루고 있다. 길을 가다보면 포도밭 너머로 보이는 시루떡 모양의 지층도 아름답다. 석양 노을은 끝없이 펼쳐지는 기암괴석들을 붉게 물들여 로즈밸리에서 빼놓을 수 없는 신비스러움을 더해주고 있다.

자연의 아름다움을 땅에서는 중국의 석림, 바다에서는 베트남의 하롱베이

、 괴레메의 기암 계곡

한 달 간의 아름다운 여행 • 지중해

라는 나의 고정관념이 카파도키아에 펼쳐진 화산 응회암으로 형성된 기암괴
석의 봉우리 앞에서 여지없이 무너지고, 눈앞에 펼쳐진 그 광경에 넋을 잃고
있을 뿐이다.

　화산 폭발로 형성된 수많은 암석들이 하늘을 향해 씩씩하게 솟아있고 형형
색색의 지층이 신비로움을 자아
내는 카파도키아. 이곳에서 영화
'스타워즈-에피소드 Ⅰ'을 촬영
했다는 안내자의 말에 '충분히
그럴만한 곳이다' 라고 생각하며
절로 고개를 끄덕였다. 1271년 이
곳을 방문했던 마르코 폴로는
'동방견문록' 에서 카파도키아의
특이한 지형을 극찬하면서 이곳
에 많은 기독교도들이 살고 있다
고 소개한 바 있다.

　로즈밸리에서 돌아오는 길에
호객꾼을 따라 카파도키아 지방
의 관광 기념품으로 유명한 아바
노스 도자기 공장을 견학하게 되
었다. 도자기는 히타이트 시대부

아바노스 도자기 공장 내부와 도자기 접시

터 이어져온 이 지방의 전통산업이다.

아바노스를 끼고 흘러가는 크즈르 강의 점토질 흙을 재료로 사용해 각종 접시와 화병, 타일 등에 카파도키아의 풍속도를 그린 초벌구이를 만들어 전시하고 있다.

옛날식으로 발로 무거운 물레를 돌리는 것은 우리나라와 비슷하여 더욱 정감이 느껴진다. 도자기를 만드는 과정을 보여주며 밑그림을 그리고 유약을 칠하는 과정은 우리나라의 도자기와 비슷하지만 색채는 훨씬 화려하다. 방문자에게 직접 물레를 돌려보게 하고 접시에 밑그림까지 그려보도록 배려를 해주며 차까지 대접을 해주었다.

괴레메 야외 박물관

스물다섯째날

카파도키아 여행의 마지막 일정으로 괴레메 야외 박물관을 찾아 나섰다. 괴레메 마을에서 도보로 30분 거리에 있는 야외 박물관까지 가는 주변에는 크고 작은 응회암바위 아파트에 수백 채의 암굴이 올망졸망 구멍을 내고 벌집처럼 들어섰다. 가까이 다가가면 구멍마다 사람들이 세간을 꾸며놓고 살고 있어 맞은편 고급스런 현대식 아파트가 오히려 이질감을 안겨주는 느낌이다. 이렇듯 주변의 풍경을 보면서 괴레메 야외 박물관 매표소에 도착하여 입장료 12YTL를 주고 티켓을 끊어 들어섰다. 이름 그대로 야외 박물관이기 때문에 외형상으로는 매표소 밖에서 보더라도

괴레메 야외 박물관

자연의 신비스런 비경을 마음껏 감상할 수 있는 곳이다.

괴레메 야외 박물관Goreme Open-Air Museum은 골짜기에 30여 곳 이상의 동굴 교회가 있다. 많은 종교 건물들은 괴레메가 농경민들의 정착지라기보다는 기독교 중심지로서 더 중요한 의미를 가지고 있음을 보여주고 있다. 십자 형태의 구조와 둥근 천장을 가진 곳도 많았다. 교회는 벽화의 특징을 따서 뱀 교회, 사과 교회, 샌들 교회 등의 이름으로 부르고 있으며, 특히 몇몇 교회에서는 보존상태가 양호한 프레스코화를 볼 수 있었다.

입구 왼쪽에 있는 토칼리 교회 Tokali Kilise에는 예수님의 생애를 그린 벽화와 각종 성화들이 아직도 그 색채가 뚜렷이 구별될 정도로 온전히 남아 있다. 이 벽화는 10세기 후반에 그려진 비잔틴 미술의 명품이라고 한다. 교회마다 성서에 기록되어 있는 사건들이 상세하게 벽화로 남아 있어서 마치 그림 성서를 보는 기분이었다. 11세기 중반부터 후기에 걸쳐 그려진 것들이라고 하는데, 겉은 그저 황토색의 거친 돌무더기처럼 보이지만 안에 이토록 섬세하고 화려한 장식이 있으리라 누가 상상이나 할 수 있을까.

괴레메 석회동굴 사원의 벽화

카파도키아 곳곳에 널려 있는 지하도시는 초기 기독교도들의 아픈 상처를 그대로 보여준다. 기독교도들은 거친 박해를 피해 이 곳에 몸을 숨겨 목숨과 신앙을 지켰다. 괴레메 야외 박물관에서 자동차로 1시간 남짓 달려가 만난 카이마크리Kaymakli 지하도시의 규모는 상상을 초월한다. 어제 관광했던 데린쿠유 지하도시에서 9km 떨어진 거리에 있으며 이곳 역시 초기 기독교 인들이 종교 탄압을 피해서 살던 주거지이다.

전체 길이가 30km에 달하며 동시에 수만 명이 모여 살 수 있는 규모라는 것. 지하 수십 미터까지 파 내려간 동굴 내부에는 교회, 식당, 부엌, 우물, 화

장실, 학교 등 인간 생활에 필요한 모든 것이 갖추어져 있다. 평상시 바깥에서 살던 주민들은 적이 쳐들어오면 이 지하도시로 숨어들었다고 한다. 미로처럼 복잡한 내부구조, 한 순간에 통로를 막을 수 있도록 설치된 바위 등 외부의 침입에 대비한 수단들도 모두 옛 모습 그대로다.

오늘 점심은 특별 메뉴로 터키에서 흔히 만날 수 있는 케밥 중에서도 유명한 카파도키아의 항아리 케밥 을 먹어보기로 했다. 항아리 케밥은 새우, 닭고기, 소고기, 양고기 중 한 가지를 골라 주문하면 해당 재료

카이마크리 지하도시

와 각종 야채, 버섯 등을 호리병 모
양의 토기에 넣어 화덕에서 요리를
만들어 주는 것이다. 항아리 케밥
은 맛도 맛이지만 먹는 방법에 그
특징이 있다. 웨이터가 호리병과
망치를 테이블로 서빙하면 먹는 사
람이 직접 망치로 호리병 밑을 깨
서 요리를 꺼내고, 웨이터가 야채
와 밥이 세팅되어 있는 접시를 가
져다주면 비로소 식사가 시작된다.

항아리 케밥

이 때 호리병을 너무 세게 깨면 항아리 파편이 요리와 섞이고 국물이 모두
바닥으로 흐르게 되니 호리병의 밑을 그릇 모양으로 잘 깨야 맛있게 항아리
케밥을 먹을 수 있다. 이렇게 항아리 케밥과 부드러운 바게트와 애플 티까지
포함된 가격으로 우리 돈 6,000원 정도를 받고 있다.

터키의 케밥

세계적으로 유명한 터키의 전통 육류요리인 케밥의 원래 뜻은 '꼬챙이에 끼워 불에 구운 고기'이
다. 터키는 다양한 역사적·문화적 배경으로 인해 음식 종류도 다양한데, 특히 드넓은 중앙아시아
땅을 누비던 유목 민족 조상 덕분에 빠른 시간 내에 쉽고 간편하게 해먹는 요리에 익숙해졌고 케
밥도 그 과정에서 태어난 것으로 추정된다. 처음에는 재료가 단순했지만 오스만 제국이 아나톨리
아 지방에 정착하면서 왕의 밥상에 동일한 요리를 올려서는 안 된다는 법칙에 따라 재료와 조리
법이 풍부해졌다.

오후에는 젤베 야외 박물관 1km 지점에 위치한 3개의 송이버섯 모양으로
유명한 파샤바Pasaba 계곡을 향했다. 거대하고 길쭉한 응회암 석주들이 두
개 또는 세 개씩 쭉 늘어서 있다. 송이버섯 같기도 하고, 남근 같기도 해서
묘한 느낌을 주기도 한다. 모자를 눌러쓰고 있는 듯한 버섯바위는 포도밭과
해바라기밭 사이에서 자연의 아름다운 비경을 보여주며 우뚝 솟아 있다. 가
까운 거리에서 보는 것보다는 조금 멀리 떨어진 언덕에서 전경을 바라보면
뾰족뾰족한 석주들이 끊임없이 도열하고 있는 모습이 장관을 이룬다.

버섯바위들은 비잔틴 시
대에 수도승들의 은신처로
사용되었다. 아름다운 풍경
을 보여주는 버섯바위는 대

기암 괴석

개의 경우 수백만 년에 걸쳐 지속되어 온 지층 내 작용의 결과로 만들어지는 것이 일반적이다. 세계의 유일한 이곳의 버섯바위는 화산폭발에 의해 만들어졌다고 한다. 카파도키아를 대표하는 얼굴로 버섯바위가 엽서로 제작되어 판매되고 있으며, 이곳을 방문한 여행자들도 경쟁을 하듯 사진으로 담아가고 있다.

해거름에 일몰을 보려고 괴레메 뒷동산 전망대로 올라 보니 사방을 조망할 수 있는 아주 좋은 위치였다. 계곡마다 산재한 석양빛을 받은 응회암 석주들의 모습은 마치 이제 막 꽃단장을 끝낸 새색시가 수줍어 얼굴을 붉힌 듯한 아름다움을 보여 준다.

계곡으로 내려가 응회암 석주 사이를 홀로 누비다보니 어둠이 깔려오며 약간의 두려움이 느껴진다. 그 사이에 파란 하늘에는 둥근 달(음력 16일)이 걸려오고 별들이 하나둘씩 앞 다투어 얼굴을 내밀기 시작하며 응회암 석주 사이로 숨바꼭질하는 환상적인 밤이다.

정말로 괴괴하고 황홀한 밤의 비경 속에 선계仙界를 넘나드는 신선이나 된 것처럼 환각에 빠져 약 3시간 동안을 돌아다니다 헤매다 숙소로 돌아오니 전신이 땀으로 흠뻑 젖어 있다. 이렇게 카파도키아 관광의 멋진 대미를 영원한 추억으로 남기고, 밤 9시에 투어버스에 올라 이스탄불로 향하고 있다. 가는 도중에 폭설이 내려 고속도로가 유리알처럼 얼어붙어 자동차 통행이 중단되었다가 제설작업으로 통행이 재개되기를 반복하며 어렵게 다음날 아침 9시경에 이스탄불에 도착할 수 있었다.

스물여섯째날

다시 이스탄불

아야소피아와 블루 모스크 사이의 광장을 지나 해안 쪽으로 걸어서 5분 거리에 있는 이스탄불 호스텔Istanbul Hostel 13인용 도미토리에 조식 포함 6달러를 주기로 하고 숙소를 정하였다. 6박 7일 동안의 에게 해 연안과 중부 아나톨리아 지역을 강행군으로 돌아와 체력적인 소모가 많아 오전 중 터키탕에 가서 충분한 휴식으로 에너지를 재충전하였다. 지난번 이스탄불에 도착할 때부터 계속 비가 내려 사진을 제대로 촬영을 하지 못했었다. 다행히 날씨가 맑게 개어 카메라를 챙겨 들고 다시 아야소피아 박물관, 블루 모스크, 오벨리스크, 이스탄불 대학, 그랜드 바자르

등을 찾아다니며 사진을 촬영했다. 저녁에는 탁심 광장 주변에 있는 '술탄SULTANA'S' 이라는 나이트클럽에 디너쇼Dinner Show 구경을 갔다. 식탁 테이블을 국가별로 배치해 놓고 관광객이 있는 나라마다 국기가 세워져 있다. 태극기가 있는 식탁테이블 주변에 30여 명이 모여 있는데, 어느 나라보다도 관광객 숫자가 많아 주최 측에서 무대 앞쪽에 좌석을 배치해 주었다.

터키 디너쇼

터키의 민속무용과 음악을 곁들인 디너쇼에 참가한 사람들은 저녁식사를 즐기면서 무희들의 요염하고 현란한 몸동작 하나하나에 숨을 죽이며 관람하였다. 때로는 무희들이 관람석으로 내려와 관람자의 손을 붙잡고 공연무대로 올라가 그들의 몸동작을 따라 춤추게도 하며 즐거운 시간을 보냈다.

사회자의 코믹한 달변과 연기가 관중을 웃기고 디너쇼에 참가한 관람자 국가의 민요를 한 곡씩 불러주는데 한국의 민요 '아리랑'도 멋지게 불러주었다.

약 2시간 동안의 디너쇼가 끝나고 공연자와 관람객이 같이 어우러져 춤추고 노래하며 기념사진을 찍었다. 공연자들의 환송을 받으며 주최 측에서 제공한 미니버스에 올라 숙소로 돌아왔다.

이스탄불에서의 마지막 날

이제 나에게 주어진 이스탄불의 시간도 오전이 전부이다. 우선 그랜드 바자르로 가서 고장 난 시계부터 수리하고 돌아오는 길에 오벨리스크 앞 벤치에 앉아서 여유로운 휴식을 갖는다. 그동안 한 달 가까운 기간을 뒤를 돌아볼 여유도 없이 앞만 보고 달려왔다. 초췌해진 내 모습을 보면서 앞으로 언제까지 배낭여행을 계속할 수 있을지 스스로에게 반문해 본다.

여행이란 내가 존재해야 관광지를 찾는 것이다. 여행에는 강인한 체력이 뒷받침되어야 미지의 새로운 세계에 대한 도전을 계속할 수 있다. 이번이 마지막이겠지 하다가도 때가 되면 또다시 배낭을 챙기는 역마살은 인력으로는 어찌할 수 없는 모양이다. 본인이 배낭여행에 어떤 사명감이나 가지고 있는 것처럼 착각을 하고 있지 않은지 자신에게 반문을 해본다. 귀국해서 때가 되면 역마살 외출증세가 완치되었는지 좀 더 시간을 갖고 관망해 보아야 알 것 같다.

동양호스텔 레스토랑에 들러 라면과 밥 한 공기로 점심을 해결하고 사장에게 이스탄불 체류기간 동안 편의 제공에 감사하다는 인사를 한 후 아쉬운 석별의 정을 나누었다. 오후 2시 경 이스탄불 호스텔로 돌아와 짐을 챙겨 공항으로 향하였다. 아타튀르크 국제공항까지 가는데 술탄아흐메트로에서 출발하여 악사라니 역에서 공항으로 가는 지하철을 이용했다. 원래 비행기 출발 예정 시간은 오후 5시 30분이었는데 한 시간 30분이 지연되는 바람에 공항 면세점을 돌아다니며 아이쇼핑으로 시간을 보냈다.

오후 7시가 되어서야 비행기(MS738)는 이스탄불 공항 활주로를 쏜살같이 달리더니 어느새 카이로를 향해 하늘 높이 박차 올라 비상의 날개를 편다. 여행이 순조롭게 되려면 국내 항공기를 이용하여 이스탄불에서 논스톱으로 인천으로 가야 한다. 그러나 배낭여행자들이 주로 저렴한 항공권을 이용하기 때문에 터키 항공이나 이집트 항공을 이용할 수밖에 없다. 이제 집으로 떠나기 위해 카이로로 다시 가고 있다.

터키 이해하기!

터키의 종교

터키의 종교는 아나톨리아의 역사를 떠나서는 설명할 수 없다. 이 둘은 함께 발전해왔다고 할 수 있다. 초기의 다신교에 서서히 기독교가 들어왔고 셀추크의 침범으로 인해 이슬람 신앙이 전파되었다. 오늘날의 현대 터키는 세속적인 공화국이지만 이슬람이 터키 국민의 98%를 차지한다.

이슬람교에 대한 오해 몇 가지

● 명예살인 – 명예살인은 이슬람 이전 아랍의 악습 중 하나로서 이슬람은 이를 정당한 형벌의 처벌로 인정하지 않는다. 이슬람은 모든 살인 행위를 금하고 있는데 인간은 알라로부터 생명과 인격을 부여받은 존재로 하나님의 의지 외엔 어떤 것도 그 생명을 박탈할 수 없다고 보기 때문이다. 그런데 아랍은 열악한 자연, 기후 조건에 의해 유목과 장거리 교역 등 위험 부담이 높은 산업이 주된 활동으로 자리 잡았고 부족 중심의 사회로 이어졌다. 부족의 명예는 개개인의 도덕성으로 이어지고, 이러한 배경으로부터 비롯된 것이 바로 부족의 명예살인이다.

많은 나라를 여행하는 사람은 그 나라 종교나 정치 상황에 대해서 선입견을 가지게 되면 즐거운 마음으로 여행을 할 수 없다. 어떠한 나라를 여행한다는 것은 여행자도 잠시 그 나라의 일부가 된다는 것을 의미하기 때문이다. 여행자의 상식과 다르다고 해서 따지고 비판하기 보다 이해하고 적응하려고 노력해야 한다.

그러나 이슬람 전파 이후 사회 공동체는 부족 중심의 공동체가 아닌 종교와 이데올로기 중심의 사회로 바뀌게 되었으며 이는 부족의 영향력이 감소하고 종교와 그에 따른 이데올로기의 신장으로 이어졌다. 따라서 부족의 명예살인과 같은 부족 차원의 처벌은 자연스레 감소되었고 이슬람도 살인을 금하여 지금은 거의 자취를 감추었으나 일부에서 이를 이슬람을 이용하여 정당화하기도 하고 또 일부에서는 이슬람의 이미지를 좋지 않게 하는 방편으로 이슬람이 명예살인을 허용하는 듯 알리기도 하여 오해를 사고 있다.

● 여아매장 – 여아 매장 또한 이슬람 이전 아랍의 잘못된 관습의 하나다. 이슬람 이전의 아랍은 다신교를 숭배하며 남아를 선호하는 경향이 아주 강한 전통이 있었다. 남아의 출산은 집안의 경제문제와 바로 이어지기 때문이었다. 반면 여아는 집안에서 경제의 주축이 되는 남아를 생산하는 일외에 큰 의미를 갖지 못해 형편이 어려운 집안의 여아는 탄생 자체를 축복 받지 못하고 바로 매장당하는 경우가 생겨났다. 그러나 7세기 이슬람이 주변 아랍, 중동 지역으로 퍼지면서 여아 매장은 사라지게 된다. 이는 이슬람이 근본적으로 남성과 여성을 동등한 인격으로 인정하고 앞서 말했듯이 인간의 존엄함이 절대 유일신으로부터 부여된 성스러움이라는 사상을 기본 사상으로 갖추었기 때문이다.

● 1부4처제 – 이슬람에서 원칙적으로 1부 1처를 기본으로 한다. 1부 4처는 이슬람 초기 전쟁 또는 기타 재해로 인해 남성의 보호를 받지 못하는 여성과 그녀들의 아이들을 위한, 배려의 의미가 있는 제도였다. 그리고 새로운 아내를 얻으려면 이미 혼인 중에 있는 다른 아내들의 동의를 얻어야 하고 네 명까지의 복수의 처에게 남편은 공평한 대우를 해야 한다. 이를 지키지 못 할 경우는 오직 한 명의 처만을 두도록 코란은 가르치고 있다. 이와 같이 1부 4처는 실제로는 엄한 제약으로 인하여 이슬람을 제대로 이해하고 있는 무슬림이라면 특별한 경우를 제외하고는 하지 않는 결혼 방법이다. 그러나 이러한 제도를 악용하는 일부 몰상식한 사람들 때문에 여성을 비하한다는 비난을 받고 있다.

배낭을 풀면서…

지중해 여행의 스물여덟째 날은 이집트 카이로에서 맞이하였다. 한국으로 돌아가는 비행기를 기다리면서 한 달이라는 길고도 짧은 시간에 보고, 듣고, 감각적으로 느꼈던 모든 일들이 주마등처럼 눈앞을 스쳐 지나갔다.

살아 있는 역사박물관이라고 불러도 될 만큼 거대한 피라미드와 웅장한 신전 그리고 사막에 자연의 신비한 볼거리로 가득했던 이집트! 신화와 철학의 고향으로 인류의 역사와 숨결을 꽃 피운 고대문명의 보고, 그리스! 유럽과 아시아의 징검다리 역할을 하고 있어 동서양의 문화를 모두 갖춘 터키!   지중해의 여행은 현재와 과거, 자연과 인간의 조화를 느낄 수 있는 꿈의 여정이었다.

물론 순탄하기만 한 여행은 아니었다. 예기치 못한 변수로 인해 난관에 봉착한 경우가 한두 번이었던가! 하지만 그러한 문제들을 하나씩 해결해나가며 세계의 보고에서 값진 유물들과 유적지를 직접 눈으로 확인하고 그 숨결을 느꼈음에 매우 뿌듯했다. 우리 인생에는 그보다 더한 어려움과 고난이 기다리고 있을 것이므로, 인생의 한 부분을 연습한 것이나 다름없다. 내 나이에 다시 인생을 시작하는 듯 설렘을 느끼게 된다.

앞으로 있을 여행에서는 또 어떤 일이 일어날지, 누구를 만날지, 무엇을 보게 될지 예상하기 어렵지만 여행은 그 기대감으로 떠나는 것 아니겠는가. 다시 배낭을 꾸릴 때까지는 지중해의 여운을 천천히 음미해보려 한다.

추신 : 끝까지 마음을 졸이게 했던 '한 달 간의 아름다운 여행'은 인천공항에 도착함으로써 일단락되었다. 집에 돌아와서 여행기를 정리하면서 잠이 들었다. 꿈속에 줄기찬 빗소리와 천둥소리를 들으며 내일 이스탄불의 아야소피아 궁전 관람을 걱정하고 있었다. 아침에 일어나니 아내가 어젯밤 천둥, 번개 치는 소리를 들었느냐고 물어본다. 나는 지금도 여행의 환상 속에서 깨어나지 못하고 있는 모양이다.

미래를 여는 지식의 힘—

(주) 상상나무 :: 도서
출판 상상예찬

http://www.smbooks.com Tel. 02-325-5191